Reihe Wirtschaftswissenschaften
Band 79

Bewertungsmodelle als Entscheidungshilfe bei Umweltschutzinvestitionen

Friedrich Hoheneck

Centaurus Verlag & Media UG 1993

Die Deutsche Bibliothek – CIP-Einheitsaufnahme

Hoheneck, Friedrich:
Bewertungsmodelle als Entscheidungshilfe bei
Umweltschutzinvestitionen / Friedrich Hoheneck. –
Pfaffenweiler : Centaurus-Verl.-Ges., 1993
  (Reihe Wirtschaftswissenschaften ; Bd. 79)
  Zugl.: Freiburg (Breisgau), Univ., Diss., 1993
  ISBN 978-3-89085-857-9   ISBN 978-3-86226-303-5 (eBook)
  DOI 10.1007/978-3-86226-303-5
NE: GT

ISSN 0177-283X

Alle Rechte, insbesondere das Recht der Vervielfältigung und Verbreitung sowie der Übers
zung, vorbehalten. Kein Teil des Werkes darf in irgendeiner Form (durch Fotokopie, Mikrof
oder ein anderes Verfahren) ohne schriftliche Genehmigung des Verlages reproduziert o
unter Verwendung elektronischer Systeme verarbeitet, vervielfältigt oder verbreitet werde

© *CENTAURUS-Verlagsgesellschaft mit beschränkter Haftung, Pfaffenweiler 1993*

Satz: Vorlage des Autors

Inhaltsverzeichnis

A. Einleitung 1

B. Grundlagen der Untersuchung 7
  I. Umweltschutzinvestitionen als Entscheidungsproblem 7
    1. Unternehmungsziele 7
      a) Bedeutung der Unternehmungsziele 7
      b) Die Zielkonzeption der Unternehmung 7
    2. Verhältnis von Erfolgsziel und "Umweltschutzziel" 10
      a) Konflikt zwischen Erfolgsziel und der Berücksichtigung des Umweltschutzes 10
      b) Komplementarität zwischen Erfolgsziel und der Berücksichtigung des Umweltschutzes 13
    3. Entscheidungsfindung als Prozeß 14
      a) Phasen des Entscheidungsfindungsprozesses 14
      b) Anregung und Problemerkennung 15
  II. Analyse des Entscheidungsproblems und Fixierung der Entscheidungsaufgabe 19
    1. Staatliche Umweltpolitik als Zielauflage 19
      a) Prinzipien der staatlichen Umweltpolitik 19
      b) Umweltpolitisches Instrumentarium 22
        ba) Direkt die Unternehmungsentscheidung beeinflussend 23
        bb) Indirekt die Unternehmungsentscheidung beeinflussend 29
    2. Handlungszielkonzeption der Unternehmung 33
      a) Operationalität 33
      b) Erfolgszielbezogene Entscheidungsziele 35
      c) Produktzielbezogene Entscheidungsziele 35
        ca) Produktmengen- und Produktartenziele 35
        cb) Ökologische Entscheidungsziele 36
          cba) Ressourcenziele 37
          cbb) Emissionsziele 40

	3.	Handlungsalternativen der Unternehmung	45
		a) Umweltschutzstrategien	45
		aa) Literaturkonzepte	45
		ab) Defensives vs. Offensives Konzept	49
		aba) Defensives Umweltschutzkonzept	49
		abb) Offensives Umweltschutzkonzept	50
		b) Arten von Umweltschutzinvestitionen	52
		ba) Mögliche Anknüpfungspunkte	52
		bb) Integrierte und additive Umweltschutzinvestitionen	57
III.		Informatorische Fundierung der Handlungsalternativen	61
	1.	Das Informationsproblem	61
		a) Unvollkommenheit der Information	61
		b) Ursachen der Unvollkommenheit	63
		ba) Unternehmungsexterne Ursachen	63
		baa) Art der Indikatoren	63
		bab) Höhe der Grenzwerte	64
		bb) Unternehmungsinterne Ursachen	67
	2.	Methoden der Informationsgewinnung	68
		a) Bestimmung der Emissionen	68
		aa) Stoff- und Energiebilanzen	69
		ab) Produktfolgeabschätzung und Produktlinienanalyse	71
		ac) Umweltkennziffern	74
		b) Probleme der Informationsgewinnungsverfahren	75

C.		Bewertungsmodelle als Entscheidungshilfen bei Umweltschutzinvestitionen	77
	I.	Zahlungsorientierte Modelle	77
		1. Bei defensiver Strategie	77
		a) Klassische Investitionsrechnungen	77
		b) Beispiel aus der Luftreinhaltung	82

2. Erweiterung der klassischen Investitionsrechnung
bei offensiver Strategie der Unternehmung ... 84
   a) Möglichkeiten der Berücksichtigung der
      Unsicherheit ... 84
   b) Möglichkeiten der monetären Bewertung des
      Nutzens von Umweltschutzinvestitionen ... 86
      ba) Die Befragung der Betroffenen als direkter Bewertungsansatz ... 87
      bb) Indirekte Bewertungsansätze ... 90
         bba) Schadensvermeidungs- und -beseitigungskostenansatz ... 90
         bbb) Ermittlung der Schadenskosten ... 92
II. Nichtmonetäre Modelle ... 95
   1. Konzept der ökologischen Buchhaltung nach
      Müller-Wenk ... 95
   2. Ein nutzwertanalytisches Modell ... 100
      a) Theorie der Nutzwertanalyse ... 100
      b) Beispiel aus dem Abwasserbereich ... 101
   3. Verfahrensschritte des Modells ... 103
      a) Wahl des Kriteriensystems ... 103
         aa) Theoretische Erläuterung ... 103
         ab) Kriterienwahl im Beispielsfall ... 106
      b) Bestimmung der Teilnutzen ... 109
         ba) Theoretische Erläuterung ... 109
         bb) Die Bestimmung der Teilnutzen im Beispielsfall ... 113
      c) Gewichtung der Kriterien ... 115
         ca) Theoretische Erläuterung ... 115
         cb) Zielgewichte des Beispielsfalles ... 119
      d) Wertsynthese ... 122
         da) Theoretische Erläuterung ... 122
         db) Wertsynthese im Beispielsfall ... 124
      e) Beurteilung der Vorteilhaftigkeit ... 124
         ea) Theoretische Erläuterung ... 124
         eb) Beurteilung der Vorteilhaftigkeit im Beispielsfall ... 128

III. Beurteilung der Entscheidungshilfe des Modelles bei Umweltschutzinvestitionen mit Hilfe eines Kriterienkataloges ... 130
  1. Validität ... 131
    a) Inhalt der Validitätsprüfung ... 131
    b) Validitätsprüfung des Modells ... 134
  2. Informationsgehalt ... 136
    a) Inhalt der Prüfung des Informationsgehalts des Modells ... 136
    b) Informationsgehalt des Modellergebnisses ... 137
  3. Implementierungseignung ... 144
    a) Determinanten der Implementierungseignung ... 144
    b) Implementierungseignung des Modells ... 144

D. Zusammenfassung und Ausblick ... 148

Anhang ... 151

Literaturverzeichnis ... 157

Abbildungsverzeichnis

Abb. 1:	Umweltpolitisches Instrumentarium des Staates	23
Abb. 2:	Zusammenwirken von Mensch und natürlicher Umwelt	36
Abb. 3:	Ressourcenziele	38
Abb. 4:	Emissionsziele	40
Abb. 5:	Grundhaltungsspezifische Ausprägung der umweltorientierten Basisstrategien	47
Abb. 6:	Mögliche umweltschonende Maßnahmen der Unternehmung	53
Abb. 7:	Zeitlich differenzierte Umweltschutzmaßnahmen der Unternehmung	54
Abb. 8:	Langfristige Anpassungsmaßnahmen im Produktionsbereich	55
Abb. 9:	Entwicklung der Grenzwerte für steinkohlebefeuerte Anlagen	66
Abb. 10:	Ausgewählte Daten aus Materialbilanzen für zwei Prozesse der Rübenzuckerproduktion	71
Abb. 11:	Produktfolgematrix im Konzept der Produktfolgeabschätzung	73
Abb. 12:	Stückweise-konstante Transformationsfunktion	110
Abb. 13:	Stetige Transformationsfunktion	110
Abb. 14:	Halbmatrizenverfahren	116
Abb. 15:	Halbmatrizenverfahren für die Beispielrechnung	119
Abb. 16:	Darstellung der Wirkung der Ungewißheit bei der Prognose eines bewertungsrelevanten Einflußfaktors x	139

Tabellenverzeichnis

Tab. 1:	Umweltschutzinvestitionen des produzierenden Gewerbes 1988	2
Tab. 2:	Ausgaben für Umweltschutz (in jeweiligen Preisen in Mio.DM)	3
Tab. 3:	Daten zweier Anlagen zur Luftreinhaltung	83
Tab. 4:	Punktwertung	115
Tab. 5:	Nutzwerte der Beispielrechnung	122
Tab. 6:	Ermittlung kritischer Zielgewichte für die Beispielrechnung	129

Abkürzungsverzeichnis

aaRdT	allgemein anerkannte Regeln der Technik
AbfG	Abfallgesetz
Abs.	Absatz
AbwAG	Abwasserabgabengesetz
Art.	Artikel
Aufl.	Auflage
BFuP	Betriebswirtschaftliche Forschung und Praxis
BGBL.	Bundes-Gesetzblatt
BImSchG	Bundes-Immissionsschutzgesetz
BMI	Bundesministerium des Innern
DB	Der Betrieb
DBW	Die Betriebswirtschaft
Diss.	Dissertation
EStG	Einkommensteuergesetz
FAZ	Frankfurter Allgemeine Zeitung
Fn.	Fußnote
HdWW	Handwörterbuch der Wirtschaftswissenschaften
Hrsg.	Herausgeber
HWB	Handwörterbuch der Betriebswirtschaftslehre
HWO	Handwörterbuch der Organisation
HWP	Handwörterbuch der Planung
LAWA	Länderarbeitsgemeinschaft Wasser
MAK	Maximale Arbeitsplatzkonzentration
MIK	Minimale Immissions-Konzentration
NOEL	No Observed Effect Level
NWA	Nutzwertanalyse
o.V.	ohne Verfasser
TA Luft	Technische Anleitung zur Reinhaltung der Luft
TSD	Tausend
VDI	Verein Deutscher Ingenieure
WGK	Wassergefährdungsklassen
WHG	Wasserhaushaltsgesetz
WiSt	Das Wirtschaftwissenschaftliche Studium
WISU	Das Wirtschaftsstudium
ZfB	Zeitschrift für Betriebswirtschaft
ZfbF	Schmalenbachs Zeitschrift für betriebswirtschafliche Forschung
ZfhF	Zeitschrift für handelswissenschaftliche Forschung
ZOR	Zeitschrift für Operations Research

A. Einleitung

Die zunehmende Umweltverschmutzung und immer wieder bekannt werdende Umweltskandale haben zu einer Sensibilisierung der Bevölkerung für Fragen des Umweltschutzes geführt. Dabei sehen viele in den industriellen Unternehmungen die Hauptverursacher von Umweltschäden und verlangen, daß diese für die von ihnen ausgehenden Belastungen zur Verantwortung gezogen werden.[1] Dies kann sowohl - auf globaler Ebene - zu einer verschärften Umweltschutzgesetzgebung führen, als auch sich in Anforderungen einzelner Gesellschaftsgruppen hinsichtlich der Verringerung, Beseitigung oder Vermeidung von Umweltbelastungen durch die Unternehmung äußern. Gleichzeitig ist zu beobachten, daß die Zielsetzung der Unternehmungsträger verstärkt auch das Streben nach einer möglichst geringen Belastung der Umwelt berücksichtigt. Damit gewinnt der Umweltschutz immer mehr an Bedeutung für die Unternehmung und wird zu einem wichtigen Bestimmungsfaktor für die Unternehmungspolitik.[2]

Vor dem Hintergrund dieser Tatbestände erscheint auch die wachsende Zahl von Umweltschutzinvestitionen durch die Unternehmungen nicht verwunderlich. Die gestiegene Bedeutung von Umweltschutzinvestitionen wird deutlich, wenn man sich Tabelle 1 betrachtet. Danach wurden 1988 von 9,5 % der Unternehmungen des produzierenden Gewerbes mehr als 8 Mrd. DM in Umweltschutztechniken investiert. Das entspricht nahezu 8 % der insgesamt 1988 getätigten Investitionen. Wenn man die Zahlen weiter aufschlüsselt, dann ergibt sich, daß 70 % der Umweltschutzinvestitionen für die Luftreinhaltung (5,6 Mrd.DM) getätigt wurden, gefolgt von dem Gewässerschutz (1,6 Mrd.DM), der Abfallbeseitigung (0,53 Mrd.DM) und der Lärmbekämpfung (0,27 Mrd.DM).

---

[1] vgl. Strenger, 1987, S. 4 f.; Scharrer, 1990, S. 44
[2] vgl. Sprenger, 1975, S. 13; Meffert u.a., 1986, S. 140

Wirtschafts-bereiche	Unternehmen		Investitionen (in Mio. DM)					
	insge-samt	mit Investitionen in den Umweltschutz	insgesamt	Umweltschutz-investitionen	Abfall-beseitigung	Gewässerschutz	Lärmbekämpfung	Luftreinhaltung
Energie- und Wasservers., Bergbau	3432	212	23631	4349	127	321	74	3827
Verarbeitendes Gewerbe	33676	4487	76575	3656	390	1280	180	1804
Baugewerbe	20293	766	4138	58	16	4	18	20
Produzierendes Gewerbe insgesamt	57401	5465	104344	8063	533	1605	272	5651

Tab.1 : Umweltschutzinvestitionen des produzierenden
        Gewerbes 1988
Quelle : Statistisches Bundesamt, 1991, S. 10 ff.

Weiter zeigt die Tabelle 1, daß der Umfang an Umweltschutzinvestitionen sehr stark nach den einzelnen Sektoren differiert. So werden nahezu die Hälfte des Gesamtvolumens (3,679 Mrd. DM) von den Unternehmen der Energie- und Wasserversorgung getätigt. Auch wenn man sich die Entwicklung der Investitionen in den Umweltschutz im Zeitablauf[1], insbesondere im Vergleich zu den entsprechenden Investitionen des öffentlichen Sektors, betrachtet, wird die laufend steigende Bedeutung von Umweltschutzbelangen für die Unternehmung deutlich. So ist das Volumen an Umweltschutzinvestitionen im produzierenden Gewerbe von 1975 bis 1984 nur um 41,1 % gestiegen, wohingegen es sich von 1984 bis 1988 mehr als verdoppelte (von 3,5 auf 8,1 Mrd.DM). Auch im Vergleich mit den staatlichen Umweltschutzinvestitionen, welche von 1980 bis 1984 ständig zurückgingen, inzwischen jedoch wieder auf ihr altes Niveau ange-

---

[1] vgl. Tabelle 2

stiegen sind, hat das Volumen der Unternehmungsinvestitionen kräftig zugelegt.

Jahr	Produzierendes Gewerbe		Staat		Insgesamt
	Investitionen	Betriebsausgaben	Investitionen	Betriebsausgaben	
1975	2.480	3.200	4.740	2.980	13.400
1976	2.390	3.610	5.270	3.280	14.550
1977	2.250	3.930	4.860	3.550	14.590
1978	2.150	4.240	5.860	3.920	16.170
1979	2.080	4.660	6.940	4.410	18.090
1980	2.660	5.160	8.060	4.670	20.550
1981	2.940	5.920	7.390	5.120	21.370
1982	3.560	6.550	6.500	5.390	22.000
1983	3.690	6.930	6.030	5.610	22.260
1984	3.500	7.390	5.900	5.930	22.720
1985	5.620	7.930	6.750	6.430	26.730
1986	7.300	8.270	7.540	6.980	30.090
1987	7.710	8.880	7.930	7.490	32.010
1988	8.130	9.810	8.460	8.050	34.450

Tab.2 : Ausgaben für Umweltschutz (in jeweiligen Preisen in Mio. DM)
Quelle: Teichert, 1990, S. 566

Wie die Tab.2 zeigt haben die Umweltschutzinvestitionen des produzierenden Gewerbes, die in den 70er Jahren noch nicht einmal die Hälfte des Volumens der staatlichen Umweltschutzinvestitionen umfaßten, inzwischen ein ähnlich hohes Niveau wie diese erreicht. Auch in Zukunft ist, nicht zuletzt vor dem Hintergrund weiterer Gesetzesentwürfe, wie etwa der Verschärfung der Gefährdungshaftung, mit einer weiter steigenden Tendenz der Umweltschutzinvestitionen durch die Unternehmungen zu rechnen.

Vor diesem Hintergrund stellt sich die Frage nach der Bedeutung von Bewertungsmodellen, die der Entscheidungsunterstützung bei der Auswahl von Umweltschutzinvestitionen dienen können. Das Schwergewicht der vorliegenden Arbeit liegt dabei auf der Fragestellung, inwieweit Bewertungsmodelle in der Lage sind, in der

besonderen Entscheidungssituation, die die Entscheidung
über Umweltschutzinvestitionen darstellt, Entscheidungshilfe zu sein.

Im ersten Kapitel wird aufgezeigt, unter welchen
Umständen es überhaupt zu einem Entscheidungsproblem
"Tätigung einer Umweltschutzinvestition" kommt. Eine
wesentliche Rolle spielen dabei die Unternehmungsziele
und die dahinter stehenden Motive. Im folgenden wird -
ausgehend von der Erkenntnis der entscheidungsorien-
tierten Betriebswirtschaftslehre, daß die Entscheidung
keinen einstufigen Akt, sondern einen mehrstufigen
Prozeß darstellt - anhand des Entscheidungsfindungs-
prozessses das Entscheidungsproblem durchleuchtet. Im
Mittelpunkt stehen hierbei die zweite Phase, 'Analyse
des Entscheidungsproblems', und die dritte Phase,
'Informatorische Fundierung des Entscheidungsproblems',
da diese beiden Phasen wesentliche Voraussetzung der
sich anschließenden Modellanalyse sind.

In der zweiten Phase des Entscheidungsfindungsprozesses werden die Handlungsziele bestimmt. Die Hand-
lungsziele berücksichtigen einerseits Zielauflagen des
Staates, welche, wenn es um Umweltschutzinvestitionen
geht, eine gewichtige Rolle spielen. Andererseits
werden durch sie die Unternehmungsziele konkretisiert.
Letztlich stellen sie die Direktiven dar, die die
Alternativenauswahl steuern.[1] Sie spielen somit eine
wesentliche Rolle für die Beurteilung der Frage, ob ein
Bewertungsmodell als Entscheidungshilfe dienen kann.
Ein weiterer wichtiger Bestandteil dieser Phase ist die
Ermittlung der Handlungsalternativen. Zunächst kann
festgehalten werden, daß die Unternehmung grundsätzlich
zwei Strategien zur Begegnung der Anforderungen des
Umweltschutzes verfolgen kann, entweder die offensive
oder die defensive Strategie. Während sie bei ersterer
Umweltschutz freiwillig betreibt, zielt ihr Tun bei der

---

[1] vgl. Schmidt, 1973, S. 89

letzteren Strategie darauf ab, nur das Nötigste für den
Umweltschutz zu tun. Diese Unterteilung ist von wesentlicher Bedeutung für die Beurteilung der als Entscheidungshilfe dienenden Bewertungsmodelle, womit sich der
zweite Hauptteil, Kap.C., beschäftigt. Unabhängig davon
genügt es, für die konkreten Handlungsalternativen
zwischen integrierten Technologien und nachgeschalteten
end-of-pipe Technologien zu differenzieren. In jedem
Fall ist die Entscheidung über Umweltschutzinvestitionen unter einem sehr unvollkommenen Informationsstand
des Entscheidungsträgers und einer Vielzahl nicht
monetär quantifizierbarer Entscheidungskonsequenzen zu
fällen. Dieser Tatbestand ist Gegenstand der dritten
Phase des Entscheidungsfindungsprozesses'Methoden der
Informatorischen Fundierung', in der auch auf mögliche
Informationsgewinnungsverfahren zur Begegnung dieser
Problematik eingegangen wird.

Im zweiten Hauptteil wird zunächst überprüft,
inwieweit die klassischen Investitionsrechnungen sowie
mögliche Erweiterungen dieser Bewertungsmodelle zur
Beurteilung von Umweltschutzinvestitionen herangezogen
werden können. Dabei wird deutlich, daß diese für den
Entscheidungsträger nur dann eine Entscheidungshilfe
darstellen, wenn von diesem eine defensive Strategie
verfolgt wird. So sind sie teilweise insbesondere in
der Lage, die vom Gesetzgeber eingesetzten indirekten
umweltpolitischen Instrumente zu verarbeiten. Zur
Demonstration dient ein Beispiel aus der Luftreinhaltung.

Im folgenden wird untersucht, inwieweit Modelle,
die auf eine Monetarisierung des Nutzens von Umweltschutzinvestitionen verzichten, als Entscheidungshilfe
dienen können. Aufbauend auf der theoretischen Grundlage der Nutzwertanalyse und den im ersten Hauptteil
dargestellten entscheidungstheoretischen Überlegungen,
soll ein Modell entwickelt werden, das den besonderen
Anforderungen der Entscheidungssituation 'Umweltschutz-

investition' gerecht wird. Ein Beispiel aus der Abwasserreinigung verdeutlicht die Funktionsweise des Modells.

Abschließend wird mit Hilfe eines Kriterienkataloges - bestehend aus Kriterien, die allgemein an ein Bewertungsmodell, das der Entscheidungshilfe dienen soll, gestellt werden müssen - der Umfang, in dem das Modell den besonderen Umständen der Entscheidung über Umweltschutzinvestitionen gerecht wird, gemessen.

B. Grundlagen der Untersuchung
I. Umweltschutzinvestitionen als Entscheidungsproblem
1. Unternehmungsziele
a) Bedeutung der Unternehmungsziele

Nach Kosiol[1] läßt sich jede rationale Entscheidung als eine Ziel-Mittel-Relation darstellen. Wenn nun die Entscheidung als eine Wahl zwischen Alternativen definiert wird, so stellen die Alternativen die Mittel dar, die bezüglich eines vorgegebenen Zieles zu beurteilen sind. Da die Unternehmung aber nicht nur ein Ziel, sondern ein Bündel systematisch einander zugeordneter Ziele verfolgt, liegt einer Entscheidung allgemein diese Zielkonzeption zugrunde. Voraussetzung, daß ein Entscheidungsproblem rational gelöst werden kann, ist jedoch die vorherige exakte Festlegung der Zielkonzeption.[2]

Da Unternehmungsprozesse weitgehend durch die Unternehmungsziele geleitet werden und im speziellen die Investitionsentscheidung eine Zielerreichungsentscheidung ist, müssen die Einflüsse der Zielsetzung auf die Investitionsentscheidung besondere Beachtung finden.[3]

b) Die Zielkonzeption der Unternehmung

Allgemein ist ein Unternehmungsziel ein von der Unternehmung als erwünscht angesehener zukünftiger Zustand.[4] Charakterisiert werden die Unternehmungsziele

---

[1] vgl. Kosiol, 1972, S. 248
[2] vgl. Schmidt, 1977, S. 123 ff.
[3] vgl. Schmidt, 1984, S. 46 f.
[4] vgl. Schmidt, 1977, S. 113

durch ihren Inhalt, ihr erstrebtes Ausmaß und ihren zeitlichen Bezug.[1]

Mit dem Zielinhalt sind die Tatbestände, die der Unternehmung als anstrebenswert erscheinen, angesprochen. Lange Zeit galt die Gewinnmaximierung als alleiniges Ziel der Unternehmung, und zwar weniger, weil dies als die Realität hinreichend abbildend angesehen wurde, sondern vielmehr wegen der damit verbundenen Einfachheit und Eindeutigkeit des Zielinhaltes.[2] Neuere Untersuchungen konstatieren entgegen dieser monistischen Sichtweise des Zielinhaltes eine in der Realität anzutreffende pluralistische Zielkonzeption der Unternehmung, in der das Gewinnstreben nur eine unter mehreren bedeutsamen und für die Erklärung des Unternehmungsgeschehens relevanten Zielsetzungen ist.[3]

Dies erscheint auch deshalb realistisch, weil die Zielkonzeption der Unternehmung das Ergebnis multipersonaler Prozesse darstellt und im Zeitablauf nicht konstant ist, sondern Veränderungen und Variationen unterliegt.[4] In der betriebswirtschaftlichen Theorie führte diese Beobachtung zu der sogenannten Instrumentalthese der Unternehmung, wonach die Unternehmung ein Instrument der in und mit ihr wirtschaftenden Menschen ist, mit dem diese ihre höchstpersönlichen individuellen Zielvorstellungen zu realisieren suchen.[5] Allerdings läßt sich dies immer nur über die Transformation dieser persönlichen Zielinhalte in von der Unternehmung verfolgte Zielinhalte realisieren. Dabei wird davon ausgegangen, daß sich die von der Unternehmung verfolgten Zielinhalte in die Kategorien Erfolgsziele, Produktziele und Liquiditätsziele unterteilen lassen.[6]

---

[1] vgl. Heinen, 1985, S. 98 ff.
[2] vgl. Schmidt, 1977, S. 113
[3] vgl. Bidlingmaier, 1963, S. 35
[4] vgl. Schmidt, 1977, S. 138 ff.
[5] vgl. Schmidt, 1977, S. 51 ff.
[6] vgl. Schmidt, 1974, S. 128

Neben den persönlichen Interessenlagen spiegeln sich in den Unternehmungszielen auch vom Staat auferlegte Vorgaben wider. Wie die Anforderung des klassifikatorischen Liquiditätszieles an die Unternehmung das Liquiditätsziel mitprägt, müssen z.B. sich auch Anforderungen an den Schadstoffausstoß von Kfzen in dem Prokuktziel der Kfz-produzierenden Unternehmung niederschlagen. Damit ist keineswegs etwas über die Rangordnung des Ziels 'Umweltschutz' ausgesagt. Daß die von vielen Autoren[1] beanstandete Nichtnennung des Umweltschutzes als Unternehmungsziel nicht gleichbedeutend mit der Nichtbeachtung des Umweltschutzes ist, wird deutlich, wenn man bspw. ein Produktartenziel "baue Autos, deren Emissionswerte dem fortschrittlichen Stand der Technik entsprechen" betrachtet. Damit wäre der Umweltschutz im Rahmen des Produktziels im Zielsystem der Unternehmung vertreten, wobei ihm auch der Vorrang vor dem Erfolgs- und Liquiditätsziel eingeräumt werden könnte.

Als weitere Dimension eines Zieles ist das angestrebte Ausmaß, in dem es erfüllt werden soll, zu nennen. Hierbei ist zu unterscheiden, ob der Entscheidungsträger versucht, Handlungsmöglichkeiten zu ermitteln, die eine bestmögliche Zielerreichung gewährleisten, oder ob er die Lösungssuche abbricht, wenn die Zielerreichung einen bestimmten, als befriedigend angesehenen Wert erreicht oder übersteigt.[2] Im ersten Fall spricht man von einem unbegrenzt formulierten Ziel, im zweiten Fall von einem begrenzt formulierten Ziel.

Eine eindeutige Zielformulierung umfaßt auch die Angabe des Zeitbezugs, auf die sich die Ziele beziehen. Dabei ist sowohl die Angabe von Zeiträumen als auch von Zeitpunkten möglich. Im allgemeinen werden Erfolgs- und

---

[1] so z.B. Metzger, 1987, S. 15; Töpfer, 1985, S. 244
[2] vgl. Heinen, 1985, S. 100

Produktziele zeitraumbezogen festgelegt, wohingegen das
Liquiditätsziel zu beliebigen Zeitpunkten erfüllt sein
muß.[1] Bezüglich der Fristigkeit, für die die Ziele
gelten sollen, kann zwischen kurz-, mittel- und langfristigen Zielen unterschieden werden. Allerdings
existiert keine verbindliche Vorstellung darüber, was
als kurz-, mittel- und langfristig anzusehen ist. Diese
kann von Branche zu Branche und von Unternehmung zu
Unternehmung verschieden sein.[2] Wenn also von Zielen
unterschiedlicher Fristigkeit die Rede ist, ist immer
auch zu definieren, welche Zeiträume mit den einzelnen
Fristigkeiten verbunden sind.[3]

Die in Kapitel B.II.2. näher beschriebenen Entscheidungskriterien stellen eine Konkretisierung und
Präzisierung der Unternehmungsziele dar, für die die
gleichen Charakteristika wie für die Unternehmungsziele
gelten. Sie sind als Ziele tieferliegender Ranghöhe zu
interpretieren, die Mittel in bezug auf die Primärziele
der Unternehmung darstellen.[4]

2. Verhältnis von Erfolgsziel und "Umweltschutzziel"

a) Konflikt zwischen Erfolgsziel und der Berücksichtigung des Umweltschutzes

Im allgemeinen muß davon ausgegangen werden, daß
die Berücksichtigung von Belangen des Umweltschutzes
durch die Unternehmung zu Beeinträchtigungen in der
Realisierung der angesprochenen Unternehmungsziele
führt. Insbesondere bei der Realisierung des Erfolgs-
zieles sind Abstriche zu machen, da die Konsequenzen
aus der Befolgung der staatlichen Umweltschutzpolitik,

---

[1] vgl. Schmidt, 1977, S. 127
[2] vgl. Bidlingmaier/Schneider, 1976, S. 4738
[3] vgl. zur Frage der Fristigkeit auch B.I.2.
[4] vgl. zu den vertikalen Beziehungen der Zielelemente ausführlich Bidlingmaier/Schneider, 1976, S. 4734 f.; die Dimensionen Zielinhalt, Zielausmaß und Zeitbezug sind also auch bei der Berücksichtigung des Umweltschutzes durch die Unternehmung maßgeblich

aber auch die Konsequenzen einer offensiven Unternehmungspolitik[1], und damit die Einbeziehung der sozialen Kosten der Unternehmungstätigkeit, zu Erhöhungen der Kosten führen.[2] Insgesamt können die Belastungswirkungen in zwei Arten differenziert werden.[3] Und zwar in eine liquiditätsmäßige Belastung, die auch zu erfolgswirtschaftlichen Belastungen führen kann[4], und in eine erfolgswirtschaftliche Belastung.

Erstere resultieren aus:
(1) Investitionen und zwar als
  - Anschaffungsausgaben oder Herstellungsausgaben und
  - Folgeausgaben für den Betrieb einer Investition
(2) Abgaben für kooperative Immissionsschutzmaßnahmen und Zahlungen bei individuellem Schadensausgleich
(3) Zusätzliche Produktionsausgaben, z.B. infolge der Umstellung von Herstellungsverfahren sowie durch vorübergehenden Produktionsausfall.

Die erfolgswirtschaftliche Belastung der Unternehmung resultiert aus:
(1) Abschreibungen und Betriebskosten bei Investitionen,
(2) Kostenbeiträge für kooperative Beseitigung von Emissionen und Immissionsschutzmaßnahmen und
(3) Abgaben für verbleibende Emissionen.

Wenn von einer i.a. konfliktären Beziehung zwischen der Realisierung der Unternehmungsziele und der Berück-

---
[1] vgl. dazu B.II.3.a)
[2] vgl. Meffert,u.a., 1986, S. 147
[3] Schmidt, 1986, S. 598 f.
[4] wenn nämlich die Liquiditätsbelastung dazu führt, daß die Unternehmung andere vorteilhafte Investitionen unterlassen muß

sichtigung des Umweltschutzes durch die Unternehmung ausgegangen wird, dann muß dazu allerdings einschränkend klargestellt werden, daß dies immer nur für bestimmte Zielausmaße und einen festgelegten Zeitbezug gilt. Dies wird besonders deutlich, wenn man sich vergegenwärtigt, daß die Extremalformulierung "unbegrenztes Zielausmaß" für beide Ziele zu einer Situation führt, in der sich beide Ziele antinomisch[1] zueinander verhalten. Ein unbegrenztes Umweltschutzziel würde nämlich bedeuten, daß die gesamte Produktion eingestellt werden müßte und somit auch kein noch so niedrig formuliertes Erfolgsziel realisierbar wäre. Ebenso kann sich die Zielbeziehung für andere Bereiche der beiden Zieldimensionen in ein komplementäres Verhältnis verwandeln.[2] Dieser Fall wird oft bei der Betrachtung unterschiedlicher Fristigkeiten der Zielsetzungen angeführt. Vielfach erscheinen Ziele bei kurzfristiger Betrachtung konfliktär, wohingegen sich langfristig eine Komplementarität herausstellt.[3] So können langfristig zu erwartende Abgabenerhebungen dazu führen, daß Umweltschutzinvestitionen, die bei kurzfristiger Betrachtung unrentabel erscheinen, bei langfristiger Betrachtung unter Einbeziehung der veränderten Situation rentabel sind.

Neben diesem Grenzfall wird jedoch in der Literatur verstärkt auf eine generelle Komplementarität von Erfolgsziel und Umweltschutzziel hingewiesen.[4]

---

[1] Zielantinomie bedeutet, daß die gleichzeitige Verfolgung beider Ziele unmöglich ist
[2] vgl. Bidlingmaier/Schneider, 1976, S. 4734
[3] daß dies auch von Unternehmungen so gesehen wird, belegen zahlreiche empirische Studien, so z.B. von Kirchgeorg, 1990, S. 238 ff.; oder auch Fritz u.a., 1988, S. 567 ff.
[4] so z.B. bei Meffert u.a., 1986, S. 140 ff.; Strebel, 1980, S. 49 f.

b) Komplementarität zwischen Erfolgsziel und der Berücksichtigung des Umweltschutzes

Für die Komplementarität von Erfolgs- und Umweltschutzziel spricht einmal, daß in den Konsumentenpräferenzen der Umweltschutz eine immer stärkere Rolle spielt.[1] So ergaben Studien[2], daß für rund 40 Prozent der Verbraucher Umweltschutz ein Entscheidungskriterium[3] beim Kauf darstellt. Neben diesen Marktvorteilen, die über Werbebotschaften wie "enthält kein...", "hergestellt ohne...", womit z.B. Lösungsmittel, Schwermetalle, Asbest, FCKW angesprochen sind, gesichert werden sollen, treten auch oftmals Kostenvorteile durch Umweltschutzmaßnahmen auf - vor allem dann, wenn veränderte Herstellungsverfahren bzw. neue Produkte zu einem verminderten Ressourceneinsatz führen.[4] Dabei ist grundsätzlich jedoch Schreiner[5] zuzustimmen, wenn er davon ausgeht, daß dieser Fall kein grundsätzlich neues Problem für die Unternehmung darstellt, sofern es sich um kurzfristig wirksame Handlungsmöglichkeiten der Unternehmung handelt. Denn Verschiebungen in der Nachfrage müssen schon seit jeher von der Unternehmung beachtet werden, wenn sie ihre Produkte absetzen will. Ebenso verhält es sich mit Kosteneinsparungspotentialen. Diese wird die Unternehmung immer zu realisieren versuchen, unabhängig davon, ob dieses gleichzeitig aus Umweltschutzgesichtspunkten positiv zu bewerten ist.

---

[1] vgl. Steger, 1988, S. 141 f.
[2] vgl. Meffert u.a., 1986, S. 141 f.
[3] in der Form, daß bei gleichem Preis-Leistungs-Verhältnis dasjenige Produkt gewählt wird, welches als umweltfreundlich gilt. Wenn die Frage allerdings lautet, ob die Verbraucher tatsächlich für Umweltfreundlichkeit Abstriche an der Qualität hinnehmen oder bereit sind, höhere Preise für umweltfreundliche Produkte zu zahlen, vermindert sich die Zahl erheblich und dürfte etwa bei 10% liegen
[4] zahlreiche Beispiele für die Verbesserung der Gewinnsituation durch integrierten Umweltschutz finden sich bei Troge, 1988, S. 110 ff.
[5] vgl. Schreiner, 1991, S. 29

Damit bleibt also festzuhalten, daß nicht von einem
generellen Zielkonflikt von Umweltschutzzielen und
Erfolgszielen ausgegangen werden kann. Die Komplementarität beider bereits in kurzfristiger Sicht stellt die
Unternehmung vor kein Entscheidungsproblem, dem sie
nicht auch sonst zu begegnen hätte.

3. Entscheidungsfindung als Prozeß
a) Phasen des Entscheidungsfindungsprozesses

"Eine Investitionsentscheidung ist die bewußte Wahl
zwischen mehreren - mindestens zwei sich bietenden -
Alternativen zur Erreichnung eines Ziels oder mehrerer
Ziele. Die Auswahl findet unter Beachtung von Nebenbedingungen statt, die aus der Zielkonzeption resultieren oder/und - z.b. technische - Handlungsbeschränkungen zum Ausdruck bringen können."[1] Dabei verläuft die
Investitionsentscheidung nicht als punktueller Akt,
sondern als Prozeß in dem mehrere Problemlösungsschritte durchlaufen werden. Üblich ist eine Einteilung in
drei bis fünf Schritte wie z.B. Problemerkennung,
Informationsgewinnung, Alternativenverarbeitung, Alternativenbewertung und Entschlußfindung.[2] Die zunächst
aufgestellte Hypothese einer strengen Reihenfolge der
einzelnen Problemlösungsschritte, von Witte[3] als Phasentheorem bezeichnet, gilt heute als falsifiziert.
Witte stellte nämlich vielmehr fest, daß die einzelnen
Problemlösungsschritte zwar großzahlig in Entscheidungsprozessen zu finden sind, daß sie jedoch nicht in
zeitlich eindeutig voneinander abgrenzbaren und aufeinanderfolgenden Phasen kumulieren, sondern sich unregelmäßig auf die Zeitspanne zwischen Beginn des Entscheidungsfindungsprozesses und endgültigem Entschluß verteilen.[4] Wenngleich also nicht von zeitlich nachein-

---

[1] Schmidt, 1984, S. 41
[2] vgl. zu einer Literaturübersicht z.B. Witte, 1968, S. 626
[3] vgl. Witte, 1968, S.626
[4] vgl. Witte, 1968, S.644

ander verlaufenden Phasen ausgegangen werden kann, so kommt der Phaseneinteilung jedoch insofern Bedeutung zu, als sie die sachlich notwendigen Operationen der Entscheidungsfindung, wie sie in der Realität auftreten, darstellt.[1]

In dieser Arbeit wird von folgendem fünfstufigen Schema ausgegangen:
(1) Anregung und Problemerkennung
(2) Analyse des Entscheidungsproblems und Fixierung der Entscheidungsaufgabe
(3) Informatorische Fundierung der Entscheidungsalternativen
(4) Zielwirksamkeitsermittlung durch Modellanalyse
(5) Entschluß

b) Anregung und Problemerkennung

Ausgelöst wird der Entscheidungsprozeß durch das Erkennen eines entscheidungsbedürftigen Problems, welches in einer auftretenden Soll-Ist-Abweichung besteht. Diese Phase ist von elementarer Bedeutung für den Entscheidungsprozeß. So werden einerseits Prozeßverlauf und -ergebnis wesentlich von der erfolgten Anregung bestimmt, andererseits wird das Übersehen von Problemen dazu führen, daß sachlich notwendige Operationen nicht durchgeführt werden.[2] Die Problemanregung kann sowohl unternehmungsintern, dann entspringt sie dem Vorschlagswesen oder der Forschungs- und Entwicklungsabteilung, als auch unternehmungsextern, dann geben i.d.R. Dienstleistungsunternehmungen wie bspw. die privaten Entsorgungsunternehmungen (1986 rund 20.000 Beschäftigte), der Altstoffhandel (1985 rund 23.000 Beschäftigte) oder Unternehmungsberater (1984 rund 5000 Beschäftigte) den Anstoß, erfolgen.[3] Dabei

---

[1] vgl. Schmidt, 1973, S.81
[2] vgl. Schmidt, 1984, S.42
[3] vgl. Wicke, 1992, S. 35

können die von derartigen Umweltschutzdienstleistern übernommenen Aufgaben weit über die reine Problemanregung hinausgehen.[1] Die Bedeutung einer solchen externen Problemanregung ist gerade vor dem Hintergrund der verschärften gesetzlichen Umweltschutzanforderungen insbesondere für kleine und mittlere Unternehmungen nicht zu unterschätzen, da in derartigen Unternehmungen die für die vielfältigen Umweltschutzanforderungen erforderlichen Spezialkenntnisse nicht vorhanden sein dürften.

Damit auch unternehmungsintern Entscheidungsprobleme der Unternehmung angeregt werden, ist neben der Qualifikation der Zielerreichungsträger eine aufgabengerechte Organisation notwendig.[2] Als zusätzliche Komponente der Qualifikation der Mitarbeiter muß die Dimension "Umweltschutz" eingeführt werden. So muß beispielsweise neben das verfahrenstechnische Know-how im üblichen Sinne nun auch "verfahrenstechnikbezogenes Fachwissen treten, das sich auf die jeweiligen (schädlichen) Auswirkungen der in der Unternehmung angewandten Verfahrenstechniken auf die Qualität von Luft, Wasser, Boden, Flora und Fauna bezieht."[3] Auch reicht es nicht mehr, nur das "herkömmliche" juristische Know-how zu besitzen; dieses ist vielmehr um das Fachwissen der Umwelt- bzw. Naturschutzgesetzgebung bzw. diesbezüglicher Verfahrensfragen zu erweitern. Um die angestrebte Qualifikation der Zielerreichungsträger zu erlangen, könnte zum einen bei der Personalbeschaffung mit Anforderungsprofilen, die konkrete Angaben über das insgesamt erforderliche ökologiebezogene Fachwissen enthalten, gearbeitet werden, und zum anderen bieten sich für den bestehenden Personalbestand

---

[1] vgl. dazu im einzelnen Wicke u.a., 1992, S.37 ff. die darauf hinweisen, daß derartige Dienstleister nahezu den gesamten Entscheidungsprozeß für oder gegen eine Umweltschutzinvestition übernehmen können
[2] vgl. Schmidt, 1973, S.86
[3] Remer/Sandholzer, 1992, S. 520

Maßnahmen der Personalentwicklung an.[1] Kurzfristig geht es dabei darum, die in bezug auf ein umweltschonendes Verhalten der Unternehmung festgestellten Wissensdefizite der Mitarbeiter auszugleichen. Langfristig können derartige Maßnahmen darauf ausgerichtet sein, die generellen Einstellungen und Werthaltungen der Mitarbeiter im Sinne eines zweckmäßigen Umweltschutzes zu beeinflussen.[2] Dabei können entsprechende Maßnahmen sowohl "off the job" (z.B. Seminare, Lehrgänge, Inhouse-Schulungen, programmierte Unterweisungen, Planspiele), "near the job" (Lernstatt, Quality Circle) als auch "on the job" (z.B. planmäßiger Arbeitsplatzwechsel, Urlaubsvertretung, Sonderaufgaben, Mitarbeit in Naturschutzprojekten) erfolgen.

Die organisatorische Gestaltung von Belangen des Umweltschutzes umschließt sowohl die aufbau- als auch die ablauforganisatorische Bildung eines Aufgabenkomplexes "Umweltschutz", und damit Übertragung der Aufgaben auf eine Personengruppe, die Regelung der Kommunikationsbeziehungen und die raum-zeitliche Strukturierung der einzelnen Arbeitsgänge. Wesentlich geprägt wird dieser Bereich durch den Gesetzgeber. So erklärt etwa für die Luftreinhaltung die dritte Novelle des Bundes-Immissionsschutzgesetzes[3] den Umweltschutz explizit zur Führungsaufgabe.[4] Bereits früher wurden Umweltschutzfunktionen durch die nach dem Bundes-Im-

---

[1] vgl. Remer/Sandholzer, 1992, S. 522 f.
[2] vgl. Remer/Sandholzer, 1992, S. 524
[3] die zum 1.9.1990 in Kraft trat
[4] vgl. §§52 a und 57 BImSchG, in § 57. Abs.1 wird festgelegt, daß die Unternehmung dem Betriebsbeauftragten für Immissionsschutz ein ummittelbarer Vortragsrecht bei der Geschäftsleitung durch innerbetriebliche Organisationsmaßnahmen sicherzustellen hat, und in §57. Abs.2 heißt es weiter, daß die Geschäftsleitung bei Ablehnung vorgeschlagener Maßnahmen den Immissionsschutzbeauftragten umfassend über die Gründe der Ablehnung zu unterrichten hat; in §52 a, 1 wird festgelegt, daß die Unternehmung die verantwortliche Person benennen muß, die für den Fall der Nichteinhaltung der Immissionsschutzvorschriften im Wege des Ordnungswidrigkeitsrechts belangt werden kann. Darüberhinaus muß diese Person nach § 52, Abs. 2 der zuständigen Behörde mitteilen, "auf welche Weise sichergestellt ist, daß die dem Schutz... dienenden Vorschriften und Anordnungen beim Betrieb beachtet werden.

missionsschutzgesetz §53 (BImSchG), dem Wasserhaushaltsgesetz (§21 a WHG) und dem Abfallgesetz (§11a AbfG) vorgesehenen Betriebsbeauftragten institutionalisiert. Dort werden den Betriebsbeauftragten folgende Aufgaben zugewiesen[1]:

- die Einhaltung von Gesetzen, Verordnungen und behördlichen Anordnungen zu überwachen (Kontrollfunktion),
- auf die Entwicklung umweltfreundlicher Verfahren und Produkte hinzuwirken und sich daran zu beteiligen (Initiativfunktion),
- die Mitarbeiter über die Gefährdung der Umwelt durch die Anlagen der Unternehmung aufzuklären (Informationsfunktion),
- jährlich einen Bericht über getroffene und beabsichtigte Maßnahmen zu erstatten (Repräsentationsfunktion).

Insbesondere im Rahmen seiner Kontrollfunktion und Initiativfunktion werden vom Umweltschutzbeauftragten vielfach Anregungen über Umweltschutzprobleme der Unternehmung ausgehen.

Allerdings löst nicht jede Anregungsinformation einen Entscheidungsprozeß aus.[2] Dazu ist es vielmehr notwendig, daß das Problem auch als solches erkannt und formuliert wird. Wesentlich ist auch hierfür die hinreichende Qualifikation, Motivation und, sofern der Anreger ungleich dem Angeregten ist, die entsprechende Organisation. In diesem Fall ist besonders die Positionierung der für den Umweltschutz zuständigen Stellen in der Unternehmungsorganisation von Interesse. Anregungsinformationen höherer Instanzen werden viel eher zur Auslösung eines Entscheidungsprozesses führen als diejenigen von unteren Instanzen. Wie bereits ausgeführt wurde, wird vom Gesetzgeber zwar von der Unter-

---

[1] vgl. §§54, 56, BImSchG, §11b AbfG und die §§21 b u. d WHG
[2] vgl. Schmidt, 1984, S.42

nehmung gefordert, Umweltschutz als Führungsaufgabe umzusetzen, aber der Institution, über die dies gelingen soll, dem Betriebsbeauftragten für Umweltschutz, steht gesetzlich keine Weisungsbefugnis gegenüber den anderen Bereichen der Unternehmung zu, so daß insgesamt Beratungskompetenzen überwiegen und die Stelle des Betriebsbeauftragten somit typische Merkmale einer Stabsstelle trägt.

II. Analyse des Entscheidungsproblems und Fixierung der Entscheidungsaufgabe

In dieser Phase erfolgt in einem ersten Schritt die Formulierung von Handlungszielen. Diese erhält man, indem man die aus den Unternehmungszielen abgeleiteten Bereichsziele interpretiert und präzisiert und so für das aktuelle Zielerreichungsproblem verwendbar macht.[1] Dabei werden auch mögliche Beschränkungen des Alternativenbereichs, so v.a. auch Auflagen durch den Gesetzgeber[2], in die Handlungsziele aufgenommen. Wegen der großen Bedeutung derartiger Auflagen für die Entscheidung über Umweltschutzinvestitionen soll im folgenden etwas ausführlicher auf die in Deutschland verfolgte Umweltpolitik eingegangen werden.

1. Staatliche Umweltpolitik als Zielauflage
a) Prinzipien der staatlichen Umweltpolitik

Wesentliche Prinzipien der staatlichen Umweltpolitik sind das Vorsorgeprinzip, das Verursacherprinzip, das Gemeinlastprinzip und das Kooperationsprinzip.

Nach dem Vorsorgeprinzip sollten Umweltbeeinträchtigungen von vorneherein vermieden werden. Da die

---

[1] vgl. Schmidt, 1973, S. 89
[2] neben der hier interessierenden Umweltschutzgesetzgebung gehört hierzu bspw. auch das klassifikatorische Liquiditätsziel, vgl. zu sogenannten Zielauflagen Schmidt, 1977, S. 134

Forderung nach der völligen Vermeidung von Umweltbelastungen jedoch jegliche Produktion verhindern würde, darf das Prinzip nicht verabsolutiert werden. Es ist vielmehr ein Abwägen zwischen umweltpolitischen Aktionen und anderen Politikbereichen notwendig, und dem Vorsorgeprinzip ist nur dann Vorrang einzuräumen, "wenn eine wesentliche Beeinträchtigung der Lebensverhältnisse droht oder die langfristige Sicherung der Lebensgrundlagen der gegenwärtigen und zukünftigen Generationen gefährdet sind"[1].

Das Verursacherprinzip wird als oberste Leitmaxime der staatlichen Umweltpolitik angesehen. Es besagt in seiner einfachen Form[2]: "Jeder, der die Umwelt belastet oder sie schädigt, soll für die Kosten dieser Belastung oder Schädigung aufkommen." Die bisher unentgeltliche Inanspruchnahme des "Produktionsfaktors Umwelt" soll also monetarisiert[3] und damit als zusätzliche Kostenkategorie für den Verursacher entscheidungsrelevant gemacht werden. Das Ziel der Anwendung dieses Prinzips besteht darin, die Umweltschutzaktivitäten der einzelnen Wirtschaftssubjekte so weit zu intensivieren, "bis der zusätzliche Nutzen einer weiteren Umweltverbesserung genau den zusätzlichen Kosten für diese Umweltverbesserung entspricht."[4] Bei vollständiger Realisierung dieses Konzepts in einer Volkswirtschaft wäre das wirtschaftliche Tun innerhalb dieser Volkswirtschaft am effizientesten.[5]

Wegen erheblicher Schwierigkeiten der Bestimmung der Verursacher[6] bestimmt mit dem Gemeinlastprinzip ein

---

[1] Wicke, 1991, S. 144
[2] Strebel, 1980, S. 59
[3] vgl. Heinen/Picot, 1974, S. 348
[4] Wicke, 1991, S. 131
[5] im Sinne einer Pareto-Effizienz, vgl. dazu Kemper, 1989, S. 10 f.; vgl. zur effizienzschädigenden Wirkung externer Effekte auch Weimann, 1990, S. 21 ff.
[6] wenn etwa, wie es die Regel sein dürfte, mehrere Verursacher für die Umweltverschmutzung verantwortlich sind, Wicke spricht von "Verursacherketten" vgl. Wicke, 1991, S. 131; oder bei
(Fortsetzung...)

weiterer Grundsatz die staatliche Umweltpolitik. Nach diesem werden die Kosten der Vermeidung, der Beseitigung oder des Schadensausgleichs von Umweltbelastungen von der Öffentlichen Hand, d.h. von Bund, Ländern oder Gemeinden, übernommen und somit gemeinsam von allen Steuerzahlern der entsprechenden Gebietskörperschaft getragen. Das Gemeinlastprinzip steht dem Verusacherprinzip diametral entgegen und kommt einer Belohnung umweltschädlichen Handelns gleich. Daher ist es auch nur als Notbehelf in den Fällen vorgesehen, in denen das Verursacherprinzip versagt. Gernert[1] spricht gar davon, daß umweltschädliches Handeln gefördert wird.

Trotzdem spielt das Gemeinlastprinzip in der Umweltpolitik eine nicht unbedeutende Rolle. So schlägt es sich sowohl in der Einrichtung und dem Betrieb von öffentlichen Umweltschutzeinrichtungen als auch in der Subvention von Umweltschutzinvestitionen der Unternehmungen nieder.[2] Zu den Subventionen, die im Rahmen der vorliegenden Problemstellung besonders interessieren, zählen zinsverbilligte Kredite, Bürgschaftsprogramme, Steuererleichterungen etc..[3]

Das Kooperationsprinzip dient als Leitbild der Ausgestaltung umweltpolitischer Entscheidungsprozesse. Die Bundesregierung versteht darunter die Mitverantwortlichkeit und Mitwirkung von Betroffenen der umweltpolitischen Aktivitäten des Staates am umweltpolitischen Willensbildungs- und Entscheidungsprozeß. Denn nur so könne "sich ein ausgewogenes Verhältnis zwischen individuellen Freiheiten und gesellschaftlichen Bedürfnissen ergeben"[4]. Die Bundesregierung verfolgt mit der Verwirklichung dieses Prinzips zum einen das Ziel, die

---

[6] (...Fortsetzung)
   sogenannten Altlasten, also Schäden, die in der Vergangenheit verursacht wurden
[1] vgl. Gernert, 1990, S. 35
[2] vgl. Sprenger, 1989, S. 187 ff.
[3] hierauf wird näher in B.I.1.ba) eingegangen
[4] Deutscher Bundestag, 1976, S.27

Sachkenntnis möglichst vieler Experten zu nutzen, zum anderen erhofft sie durch den Einbezug möglichst vieler Betroffener deren mögliche Bedenken und Widerstände gegen umweltpolitische Maßnahmen schon im Vorfeld zu verringern oder ganz auszuräumen.[1] Institutionalisiert wurde das Kooperationsprinzip in der Bundesrepublik Deutschland in der Arbeitsgemeinschaft für Umweltfragen[2], in der ein ständiger Informations- und Meinungsaustausch zwischen allen Beteiligten stattfinden soll. Für die Unternehmug bieten derartige Einrichtungen eine gute Gelegenheit, um sich einerseits frühzeitig über mögliche Entwicklungen der Umweltstandards zu informieren und um andererseits auch ihre eigene Position zu verdeutlichen, um außerdem u.U. Einfluß auf die künftige Entwicklung ausüben zu können.

b) Umweltpolitisches Instrumentarium

Unter einem umweltpolitischen Instrument soll hier ein Mittel verstanden werden, daß der Staat einsetzt, um die Produzenten und Konsumenten zu veranlassen, entsprechend den politisch fixierten umweltpolitischen Zielen Maßnahmen zur Vermeidung, Verringerung oder Beseitigung von Umweltbelastungen zu ergreifen.[3] Für die Unternehmung unterscheiden sich die eingesetzten Instrumente vor allem durch den unterschiedlich großen Aktionsspielraum, der ihr nach Ergreifen einer umweltpolitischen Maßnahme durch den Staat verbleibt. So können direkt und indirekt verhaltensbeeinflussende Maßnahmen des Staates unterschieden werden.[4] Einen Überblick gibt Abb.1.

---

[1] vgl. Gernert, 1990, S. 23
[2] vgl. Deutscher Bundestag, 1976, S. 39 ff.
[3] vgl. Knüppel, 1989, S. 33; im Ggs. zur Definition Wickes, 1991, S. 165, werden hier Umweltschutzinvestitionen des Staates und die Finanzierung der gesamten staatlichen Umweltadministration nicht zum umweltpolitischen Instrumentarium des Staates gezählt
[4] vgl. Brink, 1989, Sp. 2049; Terhart, 1986, S. 26 ff.

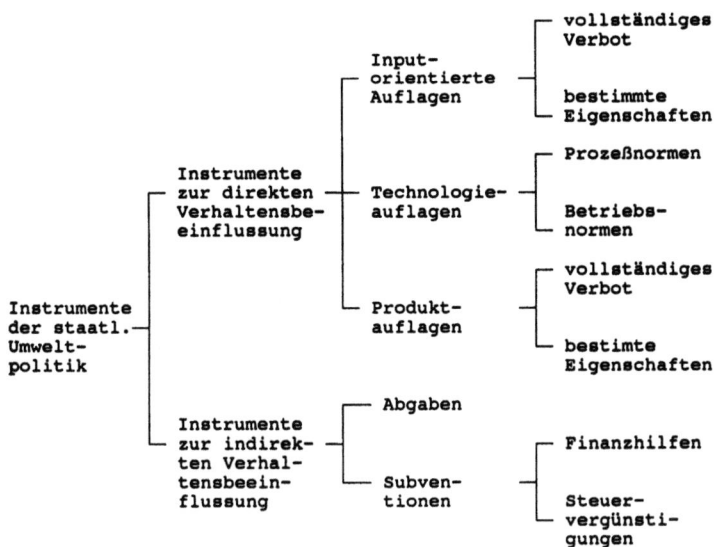

Abb. 1: Umweltpolitisches Instrumentarium des Staates

Während der Staat bei indirekt verhaltensbeeinflussenden Maßnahmen darauf baut, daß über die Einsicht, die freiwillige Initiative oder die Wirksamkeit ökonomischer Anreizmechanismen Umweltschutzmaßnahmen getätigt werden, vertraut er bei direkt verhaltensbeeinflussenden Maßnahmen auf die unmittelbare Verpflichtung durch staatlichen Zwang.

ba) Direkt die Unternehmungsentscheidung beeinflussend

Umweltschutzauflagen stellen, trotz massiver Vorwürfe aus der Wissenschaft[1], als direkte Verhaltens-

---

[1] im einzelnen wird ihnen:
- Marktinkonformität,
- Kostspieligkeit,
- Wettbewerbsverzerrung,
- Blockade des umweltpolitischen Fortschrittes,
- Strukturkonservierung und

(Fortsetzung...)

regulierung noch immer das bevorzugte umweltpolitische Instrument des Staates dar. Umweltauflagen kann man in die zwei Hauptformen der Unterlassungsauflagen (Verbote) und der Verwendungsauflagen (Gebote) unterteilen.[1] Daneben gibt es noch die Sonderformen der Einzelanordnungen, die beispielsweise in Gestalt der speziellen Verbote mit Erlaubnisvorbehalt gebräuchlich sind. Die Beliebtheit der Ge- und Verbote als umweltpolitisches Instrument läßt sich vor allem durch zwei Gründe erklären. Zum einen sind Wirkungen von Ge- und Verboten wegen der allgemeinen Verbindlichkeit relativ gut kalkulierbar und Ausweichreaktionen können weitgehend unterbunden werden, zum anderen passen sie gut in bereits bestehende Verwaltungsformen und -systeme.[2]

Die staatlichen Umweltschutzauflagen lassen sich nach verschiedenen Merkmalen systematisieren.[3] Aus betriebswirtschaftlicher Sicht bietet sich die Differenzierung nach den verschiedenen Bemessungsgrundlagen an, die sich anhand des betrieblichen Leistungsprozesses ergeben. Als Tatbestände kommen in Betracht: die Verwendung schadstoffarmer Produktionsgüter, die Anwendung von Produktionsverfahren mit vergleichsweise geringer Umweltbelastung und der Produktionsoutput. Damit ergibt sich eine Klassifikation in inputorientierte Auflagen, Technologieauflagen und Produktauflagen.

Inputorientierte Auflagen können sowohl die Verwendung bestimmter Einsatzfaktoren gänzlich verbieten,

---

(...Fortsetzung)
- Steigerung des Investitionsrisikos
  vorgeworfen; vgl. Klemmer, 1990, S. 266
[1] vgl. auch SRU, 1974, S. 161
[2] vgl. Kemper, 1989, S. 34 f.
[3] so differenziert bspw. Wicke in nichtfiskalische Instrumente, Umweltpolitik mit öffentlichen Ausgaben und Umweltpolitik mit öffentlichen Einnahmen, vgl. Wicke, 1984, S. 75; Lange, 1978, S. 60 f. unterscheidet die direkte Verhaltensregulierung über Umweltschutznormen, Abgabestrategien, die Förderung des umweltpolitischen Bewußtseins und öffentliche Subventionsmaßnahmen

oder auch nur gewisse Eigenschaften der Einsatzfaktoren fordern. Von der ersten Form einer inputorientierten Auflage wird in der Bundesrepublik Deutschland nur sehr selten Gebrauch gemacht. Als ein Beispiel im landwirtschaftlichen Bereich wäre das Verbot der Verwendung von DDT zu nennen.[1]

Weit häufiger sind die Fälle, in denen bestimmte Eigenschaften der Einsatzfaktoren vorgeschrieben werden. So wird beispielsweise in der Dritten Verordnung zur Durchführung des Bundesimmissionsschutzgesetzes (3. BImSchV) der Schwefelgehalt von leichtem Heizöl und Dieselstoff ab 1988 auf 0,2 % des Gewichts festgelegt.[2] Daneben schreibt die Verwaltungsvorschrift "Technische Anleitung zur Reinhaltung der Luft (TALuft)" Grenzwerte für den Schwefelgehalt von schwerem Heizöl und von Steinkohle vor, sofern diese in genehmigungspflichtigen industriellen oder gewerblichen Feuerungsanlagen verbrannt werden.

Bei Technologieauflagen wird die anzuwendende Technologie festgelegt. Dabei kann es sich sowohl um ein Verbot besonders umweltbelastender Produktionstechnologien (Unterlassungsauflage), als auch um das Vorschreiben einer bestimmten umweltfreundlichen Produktionstechnologie (Verwendungsauflage) handeln.

Als Prozeßnormen beziehen sich diese Auflagen direkt auf den Produktionsprozeß. Als Beispiel ist hier das Gebot zu nennen, bei gegebenen technisch-wirtschaftlichen Voraussetzungen Abwärme von industriellen und Energieerzeugungsanlagen in ein Fernwärmenetz einzuspeisen.[3] Auch die Vorschriften der TA-Luft, nach

---

[1] vgl. DDT-Gesetz vom 7.August 1972 (BGBl. I, S. 1385) geändert durch Gesetz vom 2.März 1974 (EGStGB) (BGBl. I, S. 469); je nach Industriezweig ist die gleiche Vorschrift auch als Produktauflage zu sehen. Dies wäre etwa für einen Hersteller von DDT aus der chemischen Industrie der Fall.
[2] vgl. § 3 Abs. 1, 3 BImSchV
[3] vgl. Wicke, 1991, S. 171

denen Anlagen zur Herstellung von Schwefeldioxid und Schwefelsäure einen Mindestumsetzungsgrad (Prozeßausbeute) einhalten, oder Heizungsanlagen einen Mindestwirkungsgrad haben müssen, gehören in diese Kategorie.[1]

Betriebsnormen legen im Gegensatz zu den Prozeßnormen Anforderungen, die bei dem Betrieb ortsfester Anlagen im Hinblick auf den Umweltschutz zu beachten sind, fest. Hierbei spielt der sogenannte "Stand der Technik" eine zentrale Rolle. Denn nach dem Bundes-Imissionsschutzgesetz müssen genehmigungsbedürftige Anlagen, wie beispielsweise Betriebsstätten, Maschinen und Geräte, die möglicherweise größere Umweltbelastungen hervorrufen, so errichtet und betrieben werden, daß "Vorsorge gegen schädliche Umweltwirkungen getroffen wird, insbesondere durch die dem Stand der Technik entsprechenden Maßnahmen zur Emissionsbegrenzung"[2]. Wobei der Gesetzgeber den Begriff "Stand der Technik" folgendermaßen konkretisiert[3]: "Stand der Technik im Sinne dieses Gesetzes ist der Entwicklungsstand fortschrittlicher Verfahren, Einrichtungen oder Betriebsweisen, der die praktische Eignung einer Maßnahme zur Begrenzung von Emissionen gesichert erscheinen läßt. Bei der Bestimmung des Standes der Technik sind insbesondere vergleichbare Verfahren, Einrichtungen oder Betriebsweisen heranzuziehen, die mit Erfolg im Betrieb erprobt worden sind". Da diese Regelung nur für neu zu errichtende Anlagen gilt, wird mit Hilfe des §17 Abs.1 BImSchG versucht, auf dem Wege der nachträglichen Anordnung auch bereits genehmigte Altanlagen zu erfassen. So heißt es dort[4]: "Wird nach Erteilung der Genehmigung festgestellt, daß die Allgemeinheit oder die Nachbarschaft nicht ausreichend vor schädlichen Umwelteinwirkungen oder sonstigen Gefahren, erheblichen Nachteilen oder erheblichen Belastungen geschützt ist,

---

[1] vgl. Wicke, 1991, S. 171
[2] vgl. §5 Nr.2 BImSchG
[3] vgl. §3 Abs.6 BImSchG
[4] vgl. §7 Abs.1 BImSchG

soll die zuständige Behörde nachträgliche Anordnungen treffen. Eine derartige nachträgliche Anordnung unterbleibt jedoch, wenn "sie unverhältnismäßig ist, vor allem wenn der mit der Erfüllung der Anordnung verbundene Aufwand außer Verhältnis zu dem mit der Anordnung angestrebten Erfolg steht,..."[1]. Durch diese Dynamisierung der TA-Luft muß die Unternehmung damit rechnen, daß in geringen Zeitabständen die Vorschriften verschärft werden, und sie dann vor neuen Anpassungsnotwendigkeiten steht. Die Technologieauflage bringt starke Einschränkungen des unternehmerischen Aktionsspielraums mit sich.

Produktauflagen setzen an einem Produkt bzw. einer Produktgruppe an. Sie legen die "Grenzwerte hinsichtlich der Menge an Schadstoffen oder Belästigungen fest, die in der Zusammensetzung oder bei den Emissionen eines Produktes nicht überschritten werden dürfen"[2]. Wird diese vom Staat erlassene Mindestqualitätsvorschrift nicht eingehalten, so ist der Vertrieb und/oder die Herstellung und damit die Verwendung der entsprechenden Produkte verboten. Der Unternehmung verbleiben also als mögliche Anpassungsalternativen nur entweder das Produkt in der verlangten Qualität herzustellen, oder aber die Produktion einzustellen. Analog zu den am Input ansetzenden Auflagen können Produktauflagen sowohl die Produktion von gewissen Produkten gänzlich verbieten, als auch nur einzelne Eigenschaften von Produkten vorschreiben. Ein Beispiel für die erste Form liefert §33 BImSchG in dem eine "Bauartzulassung"[3] für Erzeugnisse, die den Normen nach § 32 Abs.1 Satz 2 BImSchG[4] genügen müssen, festgelegt wird. Ein weiterer Fall eines Produktverbotes findet sich im § 1 DDT-

---

[1] vgl. §7 Abs.7 BImSchG
[2] Bundesministerium des Inneren (Hrsg.), 1973, S. 9
[3] vgl. § 33 BImSchG in der Fassung der Bekanntmachung vom 14.5.1990
[4] "serienmäßig hergestellte Teile...nur in den Verkehr gebracht werden dürfen, wenn sie bestimmten Anforderungen zum Schutz vor schädlichen Umwelteinwirkungen durch Luftverunreinigungen, Geräusche oder Erschütterungen genügen"

Gesetz, der das grundsätzliche Verbot ausspricht, das Pflanzenschutzmittel DDT herzustellen, in den Verkehr zu bringen oder anzuwenden.[1]

Die zweite Art von Produktauflage, bei der der Gesetzgeber gewisse Produkteigenschaften vorschreibt, läßt sich in der Bundesrepublik Deutschland weitaus häufiger finden. Als Beispiel kann das Gesetz der Änderung des Benzinbleigehaltes vom 18.12.1987[2], das den Verkauf von bleihaltigem Normalbenzin ab 1. Februar 1988 verbietet, genannt werden. Oder auch die Verordnung über die Höchstmengen für Phosphate in Wasch- und Reinigungsmitteln.[3] Hierzu zählen auch eine Reihe der Vorschriften der Technischen Anleitung zum Schutz gegen Lärm (TA Lärm) und anderer lärmbezogener Verwaltungsvorschriften, die im Zusammenhang mit dem Bundes-Immisionsschutzgesetz erlassen worden sind. Nach diesen Vorschriften gelten für verschiedene Produktgruppen wie Betonpumpen, Bagger, Kompressoren, Rasenmäher, Kraftfahrzeuge und Kleinkrafträder unterschiedliche Lärmgrenzwerte. Eine weitere Art derartiger Auflagen sind Emissionsgrenzwerte in Form konkreter, verbindlicher Vorgaben für die Kraftfahrzeughersteller, welche in einem Test gemessen und deren Erfüllung Voraussetzung für die Typzulassung des Kraftfahrzeuges ist.[4]

Gemeinsam ist all diesen Auflagen, daß sie als Zielauflage in die Handlungszielkonzeption der Unternehmung einfließen und den Aktionsspielraum der Unternehmung einschränken. Unterschieden werden können sie jedoch nach dem Ausmaß, in dem sie jeweils den Aktions-

---

[1] vgl. DDT-Gesetz vom 7.August 1972 (BGBl. I, S. 1385) geändert durch Gesetz vom 2.März 1974 (EGStGB) (BGBl. I, S. 469)
[2] vgl. BGBl. I, S. 2810
[3] vgl. BGBl. I, S. 664
[4] vgl. hierzu §47 StVZO, der in Verbindung mit den dort aufgeführten Anlagen zur STVZO Emissionsgrenzwerte für Abgase von Kraftfahrzeugen festlegt

spielraum der Unternehmung begrenzen.[1] Während etwa bei der Technologieauflage in Gestalt der Verwendungsauflage der Aktionsspielraum der Unternehmung so weit eingegrenzt wird, daß ihr als Alternativen nur noch verbleibt, entweder das verlangte Produktionsverfahren einzusetzen oder die Produktion einzustellen, werden der Unternehmung zur Befolgung von einzelnen Produktauflagen meist eine Vielzahl von Alternativen verbleiben.

bb) Indirekt die Unternehmungsentscheidung beeinflussend

Statt auf den unmittelbaren Zwang vertraut der Staat bei indirekt wirkenden Maßnahmen auf die Wirkung einer Veränderung der Rahmenbedingungen unternehmerischen Handelns. Dabei kann der Staat die Rahmenbedingungen sowohl unmittelbar selbst verändern, dann handelt es sich i.d.R. um Anreizmechanismen im Nominalbereich der Unternehmung, als auch mittelbar über die Konsumenten das Verhalten der Unternehmung zu beeinflussen suchen. Letzterer Fall, v.a. unter dem Fachwort moral suasion bekannt[2], soll nicht weiter behandelt werden, da die erfolgreiche öffentliche Überzeugungs- und Aufklärungstätigkeit zu Nachfrageverschiebungen führt, die die Unternehmung vor keine grundsätzlich anderen Probleme stellt, wie sie sie nicht aus anderen Gründen auch kennt.[3] Umweltpolitische Instrumente des Staates, die am Nominalbereich der Unternehmung ansetzen, sind einerseits verschiedene Abgaben, die nach ihrer Bemessungsgrundlage unterschieden werden können.

---

[1] ausführlich zu den Auswirkungen der Umweltschutzauflagen auf den Aktionsspielraum der Unternehmung vgl. Eichhorn, 1972, S. 639 ff.
[2] vgl. Strebel, 1980, S. 63 ff., wobei unter moral suasion auch die Aufklärung der Unternehmung über die ökologischen Folgen ihres Handelns und Appelle an diese für eine gesellschaftsorientierte Unternehmungstätigkeit subsummiert werden
[3] auf die äußerst schwierige Analyse der Auswirkungen einer derartigen Aufklärungs- und Überzeugungstätigkeit sei hier nur verwiesen; überdies ist der Erfolg von moral suasion umstritten, vgl. etwa Siebert, 1976, S. 11 f.

Und andererseits versucht der Staat über finanzielle Zuwendungen an die Unternehmung umweltschonendes Verhalten der Unternehmung zu erleichtern.

Abgaben dienen der Durchsetzung des Verursacherprinzips und haben ihre theoretische Basis in Pigou's Theorie der externen Effekte.[1] Nach dieser Theorie führen negative Externalitäten zu Diskrepanzen zwischen einzelwirtschaftlichen und gesamtwirtschaftlichen Kosten in Form von sozialen Zusatzkosten und somit zu Fehlallokationen. Nach Pigou sollte nun der Staat, um diese Fehlallokationen zu beseitigen, eine Steuer in Höhe des marginalen externen Schadens erheben. Wäre eine derartige Pigou-Steuer ermittelbar, ließen sich alle externen Kosten internalisieren, und das Verursacherprinzip wäre vollständig realisiert. Bei dem sich ergebenden Gleichgewichtspreis wäre dann das volkswirtschaftliche Optimum erreicht, und damit wäre der optimale Umfang an Umweltschutz bestimmt.

Da sich in der Realität die sozialen Zusatzkosten nicht hinreichend genau bestimmen lassen, beschränken sich heutige Abgabenlösungen darauf, ein politisch vorgegebenes umweltpolitisches Ziel mit minimalen volkswirtschaftlichen Kosten zu erreichen. Ein solches Vorgehen, bei dem versucht wird, mit Hilfe des Preises (Umweltabgaben für bestimmte Emissionen) einen politisch vorgegebenen Immissionsstandard zu erreichen, nennt man Standard-Preis-Ansatz.[2]

Rein theoretisch können Abgaben analog zu den Auflagen sowohl am Input, als auch an dem Produktionsverfahren, oder aber auch am Produkt ansetzen. Trotz der allgemein anerkannten Vorteilhaftigkeit von Abgaben

---

[1] vgl. Pigou, 1920, S. 172 ff.
[2] vgl. Wicke, 1991, S. 362

gegenüber Auflagen[1] ist in Deutschland bisher nur im Abwasserabgabengesetz eine Festlegung von Abgaben erfolgt. Nach diesem Gesetz müssen die Einleiter schädlichen Abwassers ab 1. Januar 1991 50 DM für jede Schadenseinheit entrichten.[2] Allerdings wird wohl zu Recht im allgemeinen die Anreizwirkung für Unternehmungen durch diese Abgabe wegen der geringen Höhe verneint. Die grundsätzliche Auswirkung für die Unternehmung besteht darin, daß die Alternative "Nichts Tun" mit der Abgabe belastet wird, und somit im Vergleich zur Alternative einer Umweltschutzinvestition, die eine Umweltentlastung und damit auch eine kleinere Bemessungsgrundlage bewirkt, schlechter gestellt wird.[3]

Öffentliche Subventionen im Umweltschutzbereich werden an Unternehmungen gewährt, die bestimmte betiebliche Umweltschutzmaßnahmen, insbesondere Umweltschutzinvestitionen, durchführen. Ihrem Grundsatz nach - der Geschädigte zahlt dem Schädiger, damit er die Schädigung unterläßt - widersprechen sie dem Verursacherprinzip und sind deswegen in der Literatur auch sehr umstritten.[4] Die öffentlichen Subventionsmaßnahmen sind nicht als eigenständiges umweltpolitisches Instrument anzusehen, sondern als flankierende Maßnahme zu Abgaben und/oder Auflagen. Es geht in erster Linie darum, die Probleme der Unternehmung bei der Anpassung an neue Auflagen oder Abgaben abzumildern. Daß die Umweltschutzsubventionen nur einen geringen selbständigen Anreizeffekt für betriebliche Umweltschutzmaßnahmen haben, weist auch Heigl[5] in seiner empirischen Studie im Bereich der deutschen chemischen Industrie nach.

---

[1] zur Kritik an Auflagenlösungen vgl. B.I.1.ba); so bieten etwa Auflagen nach Erreichen eines bestimmten Grenzwertes keinen Anreiz für die Unternehmung mehr weitere umweltschützende Maßnahmen zu ergreifen, wohingegen bei Umweltabgaben dieser Anreiz nie wegfällt
[2] vgl. §9 Abs.4 AbwAG
[3] vgl. Lange, 1978, S. 82
[4] vgl. Wicke, 1991, S. 335 u. Lange, 1978, S. 51
[5] vgl. Heigl, 1975, S. 160 ff., der zu dem Ergebnis kommt, daß Sonderabschreibungsmöglichkeiten weder zusätzliche Umweltschutz-Investitionen, noch deren Vorverlegung bewirken

Generell gibt es zwei mögliche Ausgestaltungsformen der Umweltschutzsubventionen[1]: entweder gewährt der Staat direkte Geldleistungen und Finanzierungshilfen außerhalb des Besteuerungsprozesses, dann spricht man von Finanzhilfen[2], oder der Staat gewährt Steuervergünstigungen. Als Bemessungsgrundlage kommen umweltfreundliche Produktionsverfahren, umweltfreundliche Produkte und die Verwendung umweltfreundlicher Einsatzstoffe in Frage.

Die Finanzierungshilfen führen zu direkten Zahlungen der öffentlichen Institutionen an die Unternehmung. Somit vermindern sie für die Unternehmung die Anschaffungsausgaben oder die Zinsaufwendungen für Umweltschutzinvestitionen bzw. die Aufwendungen für Forschung und Entwicklung. Neben dieser positiven Rentabilitätswirkung vermindern Finanzhilfen den Bedarf der Unternehmung an Finanzierungsmitteln.[3]

Ein Beispiel für die Subvention von umweltfreundlichen Produktionsverfahren in Form von Steuervergünstigungen sind die Sonderabschreibungen für Investitionen[4], die ausschließlich oder überwiegend dem Umweltschutz dienen. Als eine Form der Produktsubvention werden in Nordrhein-Westfalen Prämien an Luftfahrtgesellschaften bezahlt, die besonders leise Flugzeuge einsetzen.[5] Die Subvention von Einsatzstoffen erfolgt etwa im Rahmen der Begünstigung von schwefelarmem Heizöl und sonstigen fossilen Brennstoffen.[6] Die Wirkung von Steuervergünstigungen ist im wesentlichen abhängig vom marginalen Steuersatz der Unternehmung. Im

---

[1] vgl. Lange, 1978, S. 47 u. Wicke, 1991, S. 323 ff.
[2] - Investitionszulagen
 - Investitionszuschüsse
 - Zinszuschüsse
[3] vgl. Lange, 1978, S. 84
[4] vgl. §7 des EStG
[5] vgl. Wicke, 1991, S. 327
[6] vgl. Wicke, 1991, S. 327

übrigen kommen sie nur dann zum Tragen, wenn die Unternehmung Gewinne macht.

2. Handlungszielkonzeption der Unternehmung
a) Operationalität

Um die Zielwirksamkeit der Alternativen feststellen zu können, müssen die Entscheidungsziele operational vorliegen. Unter Operationalität sind die Anforderungen der Verfolgbarkeit, der Meßbarkeit und des Zeitbezugs zu verstehen.[1] Der Aspekt der Verfolgbarkeit wurde bereits in Abschn.B.I.2. im Zusammenhang mit der Zielsetzung der Unternehmung angesprochen. Es ging dabei darum, daß die persönlichen Zielsetzungen in die Unternehmungsziele transponierbar sein müssen, damit sie ihren Niederschlag in der Unternehmungszielsetzung finden können. Analog müssen auch die Informationen bezüglich der Handlungsalternativen in Kategorien der Unternehmungsziele, im Falle des Umweltschutzes also im wesentlichen sich auf das Produktartenziel beziehend, vorliegen. Zur Meßbarkeit von Umweltauswirkungen ist ein für das Meßobjekt geeignetes Meßgerät und die Angabe eines Meßverfahrens notwendig, damit nachvollziehbare Messungen möglich sind.[2] Es geht also um eine Meßvorschrift, mit deren Hilfe die Konsequenzen der Alternativen beurteilt werden können. Wobei bei weiter Fassung des Begriffs Meßbarkeit grundsätzlich alle Formen der Messung, also mit Hilfe von Kardinal-, Ordinal- und Nominalskalen, zu verstehen sind.[3] Im ersten Fall als schärfster Form der Messung ist eine Erfassung in Intervall- oder sogar Verhältnisskalen möglich, bei schwächster Form der Messung dagegen mit Nominalskalen kann nur eine Aussage über Erreichung oder Nichterreichung einer Vorgabe gemacht werden.

---

[1] zu dieser Sicht der Operationalität, vgl. Schmidt, 1977, S. 125 ff.
[2] vgl. Roth, 1992, S. 182
[3] vgl. Heinen, 1966, S. 116

Das Hauptproblem einer operationalen Formulierung einer "Umweltschutzzielsetzung" entsteht durch das Problem, daß mit jeder Investition der Unternehmung sowohl Belastungs- als auch Entlastungseffekte auf die Umwelt verbunden sind. So weist etwa auch Strebel[1] darauf hin, daß für die Unternehmung selbst bei vollkommener Kenntnis ihrer Emissionssituation ein Bewertungsproblem dergestalt verbleibt, daß sie bei der Entscheidung über eine Umweltschutzinvestition Be- und Entlastungswirkungen bei verschiedenen Schadstoffen gegeneinander aufrechnen muß.[2] Zur Lösung dieses Problems schlägt er Nutzwertanalysen, die mit partiellen Schadensskalen und Gewichtsfaktoren für alle beteiligten Abfall- bzw. Schadstoffe arbeiten, vor.[3] Derartige Schadensfaktoren und Gewichtsfaktoren müßten, da die Umwelt ein gesellschaftliches Gut ist, die Ziele und Wertungen aller von der Umweltbeschaffenheit Betroffenen beachten, also ein gesellschaftliches Wertsystem sein. Niederschlag findet ein solches Wertsystem, nach Strebel, im Umweltschutzrecht und dort vorgegebener, Richtgrößen zur maximal tragbaren Umweltschutzbelastung, wie z.B. die Technische Anleitung zur Reinhaltung der Luft (TAL) und die Maximale Immissionskonzentration (MIK) nach VDI. Neben Bereichen nicht akzeptierter Umweltbelastungen, also Beschränkungen des Aktionsspielraums der Unternehmung, enthalten derartige Vorschriften auch Hinweise auf Linien gleichen ökologischen Schadens (Iso-Schadensverläufe) und entsprechende Substitutionsraten für Schadstoffe. Diese können dann zur Nutzenbewertung umweltschützender und zur Schadensbeurteilung umweltbelastender Aktivitäten herangezogen werden.[4]

---

[1] vgl. Strebel, 1978, S. 851 ff.
[2] vgl. das dort verwendete Beispiel zweier alternativer Herstellungsverfahren für Zellstoff, vgl. Strebel, 1980, S. 77 f.
[3] vgl. ebenda, S. 78 ff.
[4] beispielsweise aus den MIK ableitbare Aussagen wie gasförmige Fluorverbindungen sind im Tagesmittel 200 mal so giftig wie CO; auf diesen Aspekt wird in C.II.3.b) noch ausführlicher eingegangen

b) Erfolgszielbezogene Entscheidungsziele

Aus dem Erfolgsziel, das sowohl als Extremal- als auch als Begrenzungsziel formuliert sein kann[1], abgeleitete Entscheidungsziele sind Geldgrößen oder beruhen - wie Zinssätze und Amortisationszeiträume - auf Relationen von Geldgrößen. Im einzelnen kann es sich um Kosten und Gewinne handeln, die sowohl als statische, als auch als dynamische Größen in Form von Kapitalwerten, internen Zinssätzen und Annuitäten zur Entscheidungsfindung herangezogen werden.

Diese erfolgszielbezogenen Entscheidungsziele dienen in erster Linie den klassischen Investitionsrechnungen als Entscheidungsgrundlage. Neben diesen werden jedoch auch produktbezogene Entscheidungsziele, also Produktmengen- und Produktartenziele, bei der Investitionsentscheidung berücksichtigt.

c) Produktzielbezogene Entscheidungsziele
ca) Produktmengen- und Produktartenziele

Das Produktmengenziel gibt die Produktmenge an, die eine Unternehmung in einem bestimmten Zeitraum von einer gegebenen Produktart absetzen möchte.[2] Es kann sowohl als Extremalziel, in Form von höchstmöglicher Produktmenge, als auch als Begrenzungsziel formuliert sein. Außerdem ist denkbar, daß beide Ausprägungsformen als relative Zielkriterien angestrebt werden. Dann richten sich die Mengen an Bezugsgrößen aus, wobei oft der Anteil an der Gesamtmenge der Produkte auf einem Markt (Marktanteil) als Kriterium gewählt wird.

Das Produktartenziel legt fest, welche Produkte erzeugt und/oder abgesetzt werden sollen.[3] Eng damit

---

[1] zu den Ausprägungen im einzelnen vgl. Schmidt, 1977, S. 119 ff.
[2] vgl. Schmidt, 1977, S. 124
[3] vgl. Schmidt, 1977, S. 123

verknüpft sind ökologische Kriterien, die sich auf die Beschaffungs-, Herstellungs- und Absatzseite der Unternehmung beziehen können. Egal auf welche der drei Phasen sich die zu berücksichtigenden ökologischen Kriterien beziehen, finden sie immer ihren Niederschlag im Produktartenziel.

cb) Ökologische Entscheidungsziele

Als grundlegende ökologische Zielsetzung kann die Erhaltung der Stabilität ökologischer Systeme definiert werden.[1] Die Erhaltung der Stabilität beinhaltet dabei i.a. mehr als nur die Vermeidung existenzbedrohender Umweltkatastrophen. Vielmehr herrscht heute weitgehend Übereinstimmung darüber, daß die natürliche Umwelt auf einem möglichst hohen Entwicklungsniveau, in möglichst großem Umfang und in voller Funktionsfähigkeit erhalten werden soll. Um von dieser generell-abstrakten, nicht operationalen Zielsetzung[2] zu operationalen Entscheidungszielen zu gelangen, ist es notwendig, vom Modell des Zusammenwirkens vom wirtschaftenden Menschen und der natürlichen Umwelt auszugehen.

Zweck des Leistungsprozesses der Unternehmung ist es, für den Menschen Güter herzustellen oder Dienstleistungen zu erbringen. Die hergestellten Güter können entweder direkt verbraucht, dann handelt es sich um Konsumgüter, oder für die Herstellung weiterer Güter verwand werden, dann handelt es sich um Produktionsgüter.[3] Durch den Produktionsprozeß wirkt die Unternehmung in zweifacher Hinsicht auf die Stabilität der natürlichen Umwelt ein. Einerseits liefert die Umwelt den Input für die Produktion und andererseits nimmt die Umwelt den Output aus Produktions- und Konsumtionsprozessen auf. Anhand dieser beider Tatbestände läßt

---

[1] vgl. Binswanger u.a., 1981, S. 51
[2] vgl. Ruppen, 1978, S. 83
[3] vgl. Binswanger, 1972, S. 258 ff.

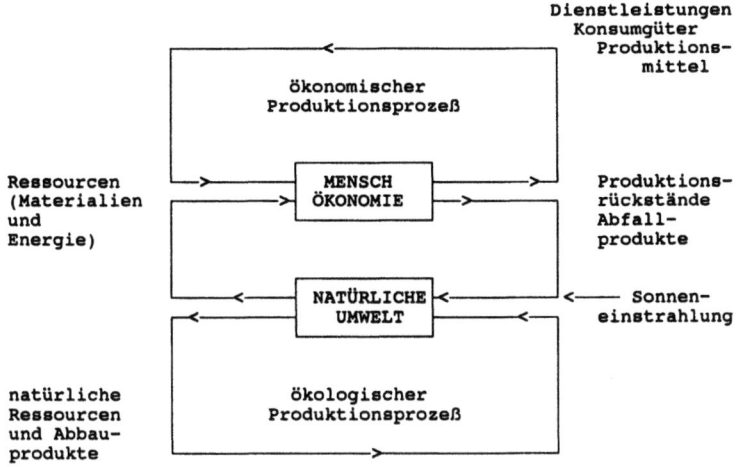

Abb. 2: Zusammenwirken von Mensch und natürlicher Umwelt
Quelle: Ringeisen, 1988, S.193

sich nun eine Konkretisierung des Umweltschutzziels der Unternehmung vornehmen. Als Ansatzpunkte unternehmerischen Umweltschutzes ergeben sich nämlich erstens die Schonung der Ressourcen und zweitens die Verringerung der an die Umwelt abgegebenen Abfallstoffe. Im ersten Fall handelt es sich um ein Ressourcenziel und im zweiten Fall um ein Emissionsziel.[1]

cba) Ressourcenziele

Das Ressourcenziel bezieht sich auf die Art der entnommenen Ressourcen und beinhaltet die Forderung, daß möglichst regenerierbare oder zumindest in großer Menge vorhandene Ressourcen verwand werden sollten.

---

[1] in der Literatur werden auch die Begriffe input- und outputorientierte Umweltschutzziele benutzt, vgl. Strebel, 1980, S. 92 f.

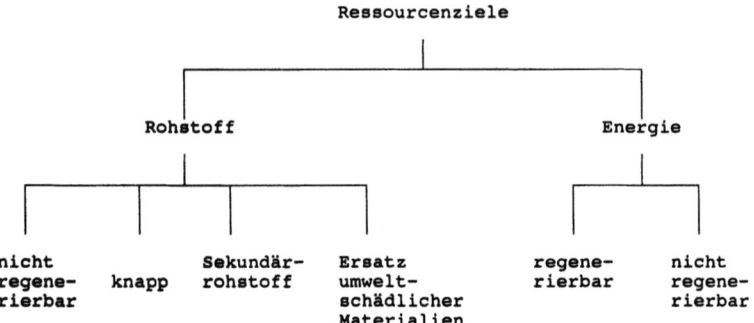

Abb. 3: Ressourcenziele

Rohstoffe lassen sich in regenerierbare, rezyklierte, knappe und umweltbelastende Rohstoffe unterteilen. Anhand dieser Einteilung ergibt sich die ökologisch positive Beurteilung folgender Substitutionsmaßnahmen[1]:
- Substitution nicht regenerierbarer Stoffe,
- Substitution knapper Rohstoffe,
- Verwendung von Sekundärrohstoffen und
- Ersatz umweltschädlicher und -belastender Materialien.

Eine allgemeine Bewertungsregel besagt: sind Rohstoffe untereinander substituierbar, so ist prinzipiell der regenerierbare dem rezyklierten und beide wiederum dem knappen und nicht-regenerierbaren Rohstoff vorzuziehen.[2] Ein Produktionsverfahren läßt sich dann anhand der im Endprodukt vorhandenen Einsatzstoffe beurteilen. Dies geschieht, indem eine Maßzahl für den Anteil an umweltschädlichen, an knappen, an nicht-regenerierbaren und für den Anteil an Sekundärrohstoffen am gesamten Rohstoffverbrauch gebildet wird. Für den Anteil knapper Rohstoffe ergäbe sich etwa die folgende Formel:

---

[1] Türck, 1990, S. 43
[2] die einzelnen Kategorien werden ausführlich beschrieben bei Türck, 1990, S. 42 ff.; vgl. auch Müller-Witt, 1985, S. 294

$$A = \frac{E_s \times 100}{G_s}$$

wobei

A = Anteil knapper Stoffe [in %]
E_s = Einsatzmenge knapper Rohstoffe [in ME]
G_s = gesamter Rohstoffeinsatz [in ME]

Der Einsatzstoff Energie wird nur in regenerierbare und nicht-regenerierbare Energieträger unterteilt. Zu den nicht-regenerierbaren Energieträgern zählen die fossilen Brennstoffe Stein- und Braunkohle, Mineralöl, Erdgas und Torf. Die regenerierbaren Energieträger umfassen[1]: Sonnenenergie (Wärmegewinnung durch Temperaturkollektoren, Elektrizitätsversorgung durch Photovoltatik), Umgebungswärme (Wärmegewinnung mittels Wärmepumpen), Biomasse (die energetische Nutzung von Holz, Stroh, Müll, Energiepflanzen (wie Zuckerrüben, Getreide, Gras) und tierischen Exkrementen führt zu Biogas, Brennholz, Methanol und Treibstoff), Wasserkraft (Laufwasser-, Speicher-, Pumpspeicherkraftwerke, Wellenenergie, Gezeitenenergie), Windkraft, Wasserstoff und geothermische Energie.

Trotz der Überlegenheit der regenerierbaren Energieträger aus ökologischer Sicht ist ihr Einsatz in der Produktion bisher noch wenig erforscht und erprobt.[2] Anders verhält sich dies im Kosumgüterbereich. Beispiele sind Versuche der Automobilfirmen mit wasserstoffgetriebenen Kraftfahrzeugen oder auch eine Reihe von Produktinnovationen, die im Zusammenhang mit dem Einsatz von Solarzellen in Produkten entwickelt wurden.[3] Wie bei den Rohstoffen können auch für die Energieträger Maßzahlen bestimmt werden, anhand derer ein

---

[1] vgl. Türck, 1990, S.48
[2] vgl. Türck, 1990, S. 48
[3] vgl. Renken, 1982, S. 70 ff.

Produktionsverfahren hinsichtlich seiner Ökologieverträglichkeit beurteilt werden kann. Die Maßzahl würde in diesem Fall lauten:

$$A = \frac{E_e \times 100}{G_e}$$

wobei

A = Anteil nicht-regenerierbarer Energieträger [in %]

E_e = Einsatzmenge nicht-regenerierbarer Energieträger [in Joule]

G_e = gesamter Energieeinsatz [in Joule]

cbb) Emissionsziele

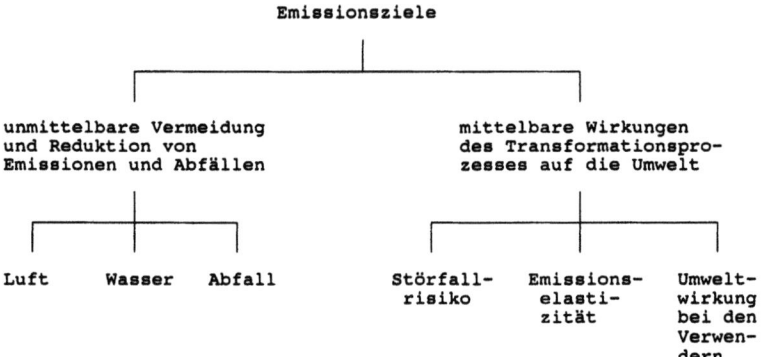

Abb. 4: Emissionsziele

Das Emissionsziel läßt sich einmal anhand einer Kriteriengruppe, die auf die unmittelbare Vermeidung und Reduktion von Emissionen und Abfällen abzielen, und zum zweiten anhand Kriterien, die sich auf den Transformationsprozeß und dessen mittelbaren Wirkungen auf die Umwelt beziehen, konkretisieren.

Das unmittelbare Emissionsziel ist darauf gerichtet, den emissionsbezogenen Wirkungsgrad[1], welcher das Verhältnis der Menge des erwünschten Outputs zur Menge des unerwünschten Outputs angibt, zu erhöhen. Bei den Kriterien handelt es sich um chemische und physikalische Belastungsfaktoren wie SO_2, NO, NO_2, Staub, Abwärme usw., deren Emissionsmengen in naturgesetzlicher Relation zu den Belastungsniveaus in den Umweltmedien (Immissionen) stehen.[2] Im einzelnen hat sich die Unternehmung an vom Staat erlassene umweltspezifische Grenzwerte, die sich auf die Umweltbereiche Luft, Wasser und Abfall beziehen, zu orientieren.[3]

Für den Bereich Luft werden diese in erster Linie durch die "Erste Allgemeine Verwaltungsvorschrift zum Bundes-Immissionsschutzgesetz" (Technische Anleitung zur Reinhaltung der Luft)[4] geregelt, die neben Verfahren zur Ermittlung von Emissionen und Immissionen vor allem Immissionswerte festlegt, die nach dem Bundes-Immissionsschutzgesetz nicht überschritten werden dürfen, sowie Emissionswerte bestimmt, deren Überschreiten nach dem Stand der Technik vermeidbar ist.

Die Grenzwerte können vorliegen in Form von[5]
- allgemein stoffbezogenen Emissionswerten für
  . Krebserzeugende Stoffe,
  . Gesamtstaub,
  . staubförmige anorganische Stoffe,
  . gas- und dampfförmige anorganische Stoffe,
  . organische Stoffe,
  . geruchsintensive Stoffe

---

[1] vgl. Corsten/Götzelmann, 1992, S. 106
[2] vgl. Brink, 1989, Sp. 2048, oder auch Müllendorf, 1981, S. 208
[3] vgl. dazu die Ausführungen in B.III.1.b) oder auch Corsten/Götzelmann, 1992, S. 106; Wicke, 1991, S. 104
[4] vgl. 2. Bundesimmissionsschutzgesetz (BImSchG) von 15.3.1974 und 2. Gesetz zur Änderung des Bundesimmissionsschutzgesetzes vom 4.10.1985; Technische Anleitung zur Reinhaltung der Luft (TA Luft) vom 27.2.1986
[5] vgl. hierzu und im folgenden Fritz, 1990, S. 14 f.

- anlagenspezifische Emissionsgrenzwerte unter Berücksichtigung der besonderen prozeßtechnischen Randbedingungen für die entsprechenden Anlagen sowie des Standes der Technik spezieller Emissionsminderungsmaßnahmen für Feuerungs- und Prozeßanlagen.
- maximale Arbeitsplatzkonzentrationen, die sog. MAK Werte. Dies sind maximale Schadstoffkonzentrationen, von denen angenommen wird, daß sie am Arbeitsplatz bei achtstündiger Einwirkung im allgemeinen die Gesundheit der dort Arbeitenden nicht schädigt.
- maximale Immissionskonzentrationen, die sog. MIK - Werte für die Dauereinwirkung (MIK_d - Werte) und für die Kurzzeiteinwirkung (MIK_k - Werte).

Zentrale Richtlinie für den Bereich Wasser ist das Wasserhaushaltsgesetz (WHG)[1]. 1976 kam das Abwasserabgabengesetz (AbwAG) hinzu. Nach der 5. Novelle des WHG müssen die Rückhalte- und Reinigungsmittel beim Einsatz von Stoffen, die im Gewässer schädliche Wirkungen entfalten können, dem Stand der Technik entsprechen.[2] Dabei dürfen die geforderten Ablaufkonzentrationen nicht durch Verdünnung, sondern nur über effektive Reinigungs- und/oder Vermeidungsmaßnahmen erreicht werden. Das Wasserabgabengesetz baut auf dem WHG auf, indem im letzteren die Mindeststandards[3] festgelegt werden, und in ersterem darauf bezogen verschiedene Abgabenhöhen festgelegt werden. So wird eine Herabsetzung der Abgabenhöhe auf 25% gewährt, wenn die Mindestanforderungen auf der Basis der aaRDT (allgemein anerkann-

---

[1] ursprüngliche Fassung 1957; 1987 5. Novelle zum WHG
[2] was unter wassergefährdenden Stoffen zu verstehen ist wurde bereits 1970 durch einen von der Länderarbeitsgemeinschaft Wasser (LAWA) herausgegebenen Katalog wassergefährdende Flüssigkeiten erläutert; inzwischen umfaßt der Katalog mehr als 200 Stoffe, die in vier Wassergefährdungsklassen (WGK) eingeteilt sind.
[3] zwischen 1979 und 1986 wurden 46 Mindestanforderungen erarbeitet

ten Regeln der Technik) eingehalten werden. Werden strengere Werte als die Mindestanforderungen eingehalten, verringert sich die Abgabe in linearer Weise, wobei ab 50%iger Unterschreitung der Mindestanforderungen der aaRDT die Abgabe entfällt.

Für den Bereich Abfall ist das Abfallbeseitigungsgesetz von 1972[1] Grundlage der Planung, Organisation und Überwachung der Abfallbeseitigung in Deutschland. Da daneben schon von jeher die Rückstandsvermeidung und -verwertung eine wichtige Aufgabe der betrieblichen Materialwirtschaft darstellt[2], steht in Deutschland der Gedanke einer dualen Abfallwirtschaft im Vordergrund. Dual deswegen, weil sie einerseits auf eine auf freiwilliger Basis beruhende, marktwirtschaftlichen Grundsätzen folgende Abfallvermeidung und -verwertung setzt, und andererseits auch eine geordnete Beseitigung mit entsprechenden staatlichen Regulierungen vorsieht. Als vorrangiges Ziel ist die Vermeidung von Abfallstoffen zu sehen. Zu diesem Zwecke ermöglicht das Abfallgesetz die Anordnung von produktbezogenen Kennzeichnungs-, Rücknahme- und Pfandpflichten. Überdies wird im Rahmen der Überarbeitung der "Technischen Anleitung Abfall" darüber nachgedacht, einen "Stand der Technik" für reststoffarme Produktionsverfahren festzulegen.[3]

Zu den mittelbaren Emissionszielen zählt mit der Kriteriengruppe, die das Risiko für Störfälle mit umweltbelastender Wirkung betrifft, ein Aspekt, der gerade vor dem Hintergrund der sich verschärfenden Haftungsbedingungen für Umweltschäden immer mehr an Bedeutung gewinnt. Das Störfallrisiko läßt sich differenzieren in ein technisches und ein menschliches Risiko.[4] Das technische Risiko resultiert aus den spe-

---

[1] welches 1986 novelliert wurde; vgl. Bundesgesetzblatt, Jahrgang 1986, Teil I, S. 1410
[2] vgl. zahlreiche Beispiele von Erfolgen des Recycling bei Meller, 1988, S. 154 ff.
[3] vgl. Michaelis, 1990, S. 2
[4] vgl. Müllendorf, 1981, S. 209

zifischen Eigenschaften von Anlagen und kann bspw. anhand von Rohrwanddicken, Erwärmung von Anlageteilen oder auch von Funkenentwicklung gemessen werden. Das menschliche Risiko hingegen entsteht durch die Steuerungsmöglichkeiten des Menschen und dem damit verbundenen Fehlerverhaltenspotentials des Bedienungspersonals und läßt sich bspw. anhand des Automatisierungsgrades von Prozessen, der Qualifikation des Bedienungspersonals oder der Monotonie der Bedienungstätigkeit messen.

Ein im Zusammenhang mit dem Störfallrisiko zu sehendes mittelbares Emissionsziel ist die Emissionselastizität. Mit ihr ist die Frage nach der Anpassungsfähigkeit der Unternehmung, und damit ihres Anlagenpotentials an veränderte ökologische Anforderungen angesprochen. Unter langfristigen Gesichtspunkten wird sie dadurch bestimmt, inwieweit eine nachträgliche Variationsmöglichkeit des Anlagenpotentials zur Reduktion von Emissionen und Abfällen, z.B. durch zusätzliche Aggregate oder durch das Austauschen bzw. das Zwischenschalten von Aggregaten, möglich ist. Je geringer die technischen und organisatorischen Schwierigkeiten einer derartigen Variationsmöglichkeit, desto größer ist die Emissionselastizität der Unternehmung. Schwierigkeiten bereitet jedoch die Operationalisierung dieses Entscheidungszieles, da quantifizierbare Unterkriterien, wie sie im Falle der unmittelbaren Emissionsziele vorhanden waren, fehlen.

Eine weitere Kriteriengruppe, die sich auf die mittelbaren Wirkungen des unternehmerischen Leistungsprozesses auf die Umwelt bezieht, befasst sich mit den Umweltwirkungen des Outputs an Produkten bei den Verwendern. Als Unterkriterien hierfür sind die Vermeidung und Reduzierung von Emissionen während des Ge- und Verbrauchs sowie die Reduzierung des Abfallanfalls nach Ge- und Verbrauch der Produkte zu nennen. Das erste Unterkriterium läßt sich mit den gleichen Einzelkriterien, wie sie für das unmittelbare Emissionsziel galten, konkretisieren. Die Reduzierung des Abfallanfalls nach Ge- und Verbrauch der Produkte kann anhand der spezifischen Abfallmenge je Produktart gemessen werden, wobei die "Recyclisierbarkeit" als zusätzliches Kriterium hinzukommt.

3. Handlungsalternativen der Unternehmung

a) Umweltschutzstrategien

aa) Literaturkonzepte

In der Literatur finden sich eine Vielzahl unterschiedlicher Grundmuster umweltbezogener Verhaltensweisen der Unternehmung. Dabei sind trotz der weitgehenden begrifflichen Übereinstimmung einige inhaltliche Unterschiede festzustellen.

Krüger befaßt sich in seinem Aufsatz "Umweltwandel und Unternehmungsverhalten"[1] mit der Reaktion der Unternehmung auf den Umweltwandel und differenziert zwischen aktivem und passivem Verhalten. Grundsätzlich läßt sich der Verhaltensprozeß der Unternehmung bei Umweltveränderungen nach Krüger in die Aktivitäten Beobachten, Wahrnehmen, Auslösen, Suchen, Durchführen und Kontrollieren unterteilen. Danach grenzt er aktives Verhalten, welches aggressives Verhalten[2], adaptives Verhalten und regressives Verhalten umfasst, und passives Verhalten, welches in den Ausprägungen Indifferenz, Ignoranz und Isolation auftritt, voneinander ab. Die beiden Verhaltensweisen aktiv und passiv unterscheidet er dadurch, daß bei passiver Verhaltensweise keine Strategiesuche erfolgt. D.h. ein Umweltwandel führt weder zu internen noch zu externen Aktivitäten, wohingegen bei aktiver Verhaltensweise Lösungen gesucht und

---

[1] vgl. Krüger, 1974, S. 63 ff., er bezieht sich allerdings nicht explizit auf Umweltschutzvorschriften

[2] dieses Verhaltenssystem unterscheidet Krüger danach, in welcher der jeweils durchlaufenen Prozeßphasen (Beobachten, Wahrnehmen oder Auslösen) die Aktionen zum Stillstand kommen, vgl. Krüger, 1974, S. 67 f.

auch durchgeführt werden. Krüger kommt zu dem Ergebnis, daß der traditionell im Vordergrund stehende Typ des Anpassungsverhalters nur eine von mehreren Verhaltensmöglichkeiten der Unternehmung darstellt, und daß alle angesprochenen Verhaltenstypen immer nur Episoden eines permanenten Verhaltensprozesses sind.

Wicke[2] unterscheidet nur zwischen defensivem und offensivem Verhalten der Unternehmung gegenüber Umweltschutzanforderungen. Als Unterscheidungsmerkmal dient ihm dabei, ob die Unternehmung versucht, sich so weit als möglich von umweltschützerischen Anforderungen des Staates bzw. der Gesellschaft abzuschotten, oder ob sie die Umweltschutzanforderungen offensiv als Chance auffaßt. Dementsprechend subsummiert er unter dem defensiven Verhalten der Unternehmung umweltbelastendes Verhalten und die Erfüllung von Mindestanforderungen der staatlichen Umweltpolitik. Offensives Unternehmensverhalten gegenüber Umweltschutzanforderungen, Wicke spricht von "offensivem gewinnorientiertem Umweltmanagement"[3], liegt nur dann vor, wenn die Unternehmung die Anforderungen des Umweltschutzes geradezu als betriebswirtschaftliches Instrument benutzt, um möglichst alle denkbaren Vorteile eines umweltbewußten Verhaltens für den Betrieb zu nutzen. Dieses Verhalten der Unternehmung kann, muß aber nicht, zu einer Übererfüllung der gesetzlichen Umweltschutzanforderungen an die Unternehmung führen. Wesentlich für die Beurteilung als offensives Verhalten ist für Wicke, ob es der Unternehmung gelingt, sowohl die betrieblichen Ziele, Wicke führt als Beispiel die langfristige Gewinnmaximierung an, als auch die Umweltverbesserungsziele gemeinsam zu erreichen.[4] Bewirkt wird dies nach Wicke über eine Motivation des Managements und der Mitarbeiter, eine kostengünstige Übererfüllung von Umweltschutzanforderungen und ein offensives Umweltschutzmarketing.

---

[2] vgl. Wicke, 1988, S. 11 ff.
[3] Wicke, 1988, S. 21
[4] vgl. Wicke, 1988, S. 22

Kirchgeorg[1] untersucht empirisch die verschiedenen Anpassungsstrategien der Unternehmung an die umweltpolitische Herausforderung. Als strategische Basisstrategien unterscheidet er: Widerstandsstrategie, Passivitätsstrategie, Rückzugsstrategie, Anpassungsstrategie sowie die Innovationsstrategie. Auch diese Unterscheidung orientiert sich im wesentlichen an der bereits angesprochenen Einteilung von Krüger. Aufbauend auf diesen Basisstrategien gelangt Kirchgeorg über die Befragung von 200 Unternehmungen zu folgendem Cluster von Unternehmungstypen[2]:

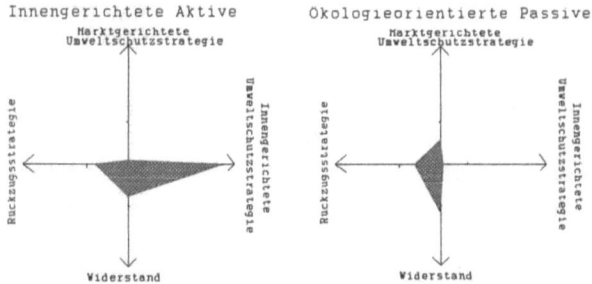

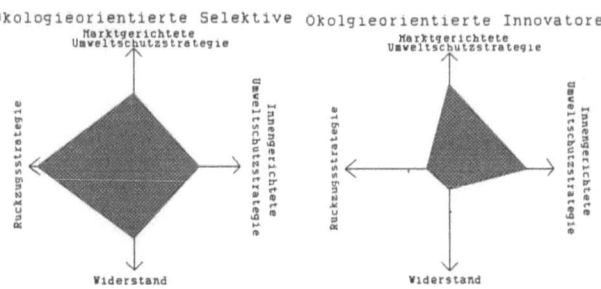

Abb. 5: Grundhaltungsspezifische Ausprägung der umweltorientierten Basisstrategien
Quelle: Kirchgeorg, 1990, S.145

---

[1] vgl. Kirchgeorg, 1990, S. 45 ff.
[2] vgl. Kirchgeorg, 1990, S. 166 ff.

- die innengerichteten Aktiven,
- die ökologieorientierten Passiven,
- die Selektiv-Ökologieorientierten und
- die ökologieorientierten Innovatoren.

Die Verhaltensweisen der Unternehmungen der einzelnen Cluster unterscheiden sich danach, inwieweit die genannten Basisstrategien in den einzelnen Unternehmungen verwirklicht werden[1], die sich dann wiederum in einer unterschiedlichen instrumentalen[2] und zeitlichen[3] Ausrichtung des ökologieorientierten Unternehmungsverhaltens niederschlagen. So weisen z.B. die "ökologieorientierten Innovatoren", aber auch die "Selektiv-Ökologieorientierten" den Kundendienstleistungen einen besonders hohen Stellenwert bei. Andererseits weisen die "innengerichteten Aktiven" zwar ein proaktives Verhalten gegenüber gesetzlichen Umweltschutzforderungen auf[4], nehmen aber bei der Ausrichtung eines umweltgerechten Produktprogramms gegenüber dem Hauptkonkurrenten deutlich eine Folgerposition ein.[5] Insgesamt gelangt Kirchgeorg zu dem Ergebnis, daß die Selektiv-Ökologieorientierten 19,8%, die ökologieorientierten Passiven 30%, die innengerichtet Aktiven 27,4% und die ökölogieorientierten Innovatoren 22,9% der untersuchten Unternehmungen umfassen.

---

[1] vgl. Kirchgeorg, 1990, S. 145
[2] Anpassungsmaßnahmen im Marketingbereich, im Beschaffungs- und Produktionsbereich, im Organisationsbereich und im Forschungs- und Planungsbereich, vgl. Kirchgeorg, 1990, S. 149 ff.
[3] hierunter versteht Kirchgeorg die zeitliche Verteilung der Realisierung ausgewählter ökologieorientierter Ansätze und vor allem die Frage, ob Unternehmungen proaktiv oder reaktiv auf intensive Forderungen ökologischer Anspruchsgruppen agieren; vgl. Kirchgeorg, 1990, S. 167 ff.
[4] vgl. Kirchgerorg, 1990, S. 151
[5] vgl. Kirchgeorg, 1990, S. 174

ab) Defensives vs. Offensives Konzept

Die verdichtete Betrachtung der Strategien führt zu der Einteilung in defensive und offensive Umweltschutzstrategien[1]. Dabei soll hier als wesentliches Unterscheidungsmerkmal in Anlehnung an Schmidt[2] die Freiwilligkeit umweltschonender Maßnahmen der Unternehmung dienen.

aba) Defensives Umweltschutzkonzept

Da von einem gesetzeskonformen Verhalten der Unternehmung ausgegangen werden soll, wird der Auflagenverstoß nicht als mögliche Reaktion der Unternehmung angesehen.[3] Auch der Unterteilung Strebels[4], der defensives und offensives Konzept vorwiegend danach differenziert, ob die vorliegenden Handlungsalternativen zu Konflikten mit den ökonomischen Zielsetzungen der Unternehmung führen oder nicht, soll nicht gefolgt werden.[5]

Im folgenden wird davon ausgegangen, daß sich die Unternehmung bei einer defensiven Strategie nur an gesetzliche Vorlagen anpasst. Das heißt, sie beugt sich lediglich staatlichen Auflagen und leistet Abgaben bzw. versucht die Belastung durch die Abgabenzahlung so gering wie möglich zu halten, allerdings erst nachdem

---

[1] vgl. dazu offensive und defensive Innovationspolitik bei Brink, 1980, S.121
[2] vgl. Schmidt, 1974, S. 169
[3] im Gegensatz dazu faßt Wicke unter der defensiven Strategie auch die Nichterfüllung von Auflagen, vgl. Wicke, 1992, S. 41, vgl. auch Terhart, 1986, S. 21, der davon ausgeht, daß auch Gesetzes- oder Normenverstöße auf Kosten-NutzenÜberlegungen basieren und sich bezüglich der Motivation nicht von legalen Handlungen unterscheiden
[4] vgl. Strebel, 1990, S. 716
[5] für ihn liegt defensives Verhalten der Unternehmung vor, falls die Unternehmung, bedingt durch die Konkurrenz von Erfolgszielen und ökologischen Vorgaben des Umweltrechts, nicht mehr für den Umweltschutz tut als notwendig. Von offensivem Verhalten der Unternehmung spricht er, wenn die Unternehmung bei der Produkt- und Verfahrensgestaltung systematisch nach Lösungen sucht, die ökologische Verbesserungen mit Kosten- und Ertragsvorteilen koppelt

diese bereits erhoben wird.[1] Damit ist der Aktionsspielraum zur Zielerreichung der Unternehmung eingeschränkt, und aufgrund dieser restriktiven Bedingungen werden in der Regel zumindest kurzfristig Gewinnminderungen für die Unternehmung die Folge sein. Je nach Ausgestaltung der Auflagen verbleiben der Unternehmung unterschiedlich große Handlungsspielräume. So kann die Unternehmung Auflagen bezüglich der Emissionen sowohl durch nachgeschaltete Beseitigungsmaßnahmen als auch durch integrierte Vermeidungsmaßnahmen erfüllen; anders verhält sich dies, wenn ihr ein bestimmtes Produktionsverfahren als Auflage vorgegeben wird. Dann verbleiben der Unternehmung als Handlungsalternativen nur die Übernahme dieses Herstellungsverfahrens oder die Einstellung der Produktion.[2]

abb) Offensives Umweltschutzkonzept

Bei der Verfolgung eines offensiven Umweltschutzkonzeptes übererfüllt die Unternehmung staatliche Anforderungen freiwillig. Dieses Konzept kann einerseits Ausfluß einer umweltbewußten Unternehmungsphilosophie[3] sein. Wie bereits in B.II.a) angedeutet wurde, werden die Unternehmungsziele maßgeblich durch im metaökonomischen Bereich liegende, Werthaltungen der Unternehmungsträger geprägt. Dazu zählen insbesondere Einstellungen zu möglichen Lebenswerten wie Sicherheit, Gerechtigkeit und Verantwortungsbewußtsein.[4] Derartige ethische oder moralische Normen bezeichnet man auch als Unternehmungsphilosophie.[5] Sie ist als generelles Wertsystem der Unternehmungspolitik anzusehen und dem gesamten Handeln der Unternehmung übergeordnet.[6] So kann auch die Übernahme sozialer Verantwortung mögli-

---

[1] vgl. Schmidt, 1974, S. 129
[2] siehe auch die Ausführungen zum umweltpolitischen Instrumentarium des Staates in B.II.1.b)
[3] vgl. Schmidt, 1974, S. 135
[4] vgl. Schmidt, 1974, S. 132 f.
[5] vgl. Ulrich, 1970, S. 327 f.
[6] vgl. Schmidt, 1974, S. 129

cher Bestandteil einer derartigen Unternehmungsphilosophie sein.[1] Dann versucht die Unternehmung ihre Unternehmungsphilosophie und -politik mit den gesellschaftlichen Zielen und Wertvorstellungen zu koordinieren. Damit führt der wachsende Druck der Öffentlichkeit auf die Unternehmung, ein größeres Verantwortungsbewußtsein für die Umwelt zu übernehmen, dazu, daß ökologische Aspekte verstärkt Eingang in die Unternehmungsphilosophie finden.[2]

Andererseits können auch erfolgswirtschaftliche Gründe für die Berücksichtigung von Umweltschutzgesichtspunkten bei der Entscheidungsfindung der Unternehmung sprechen.[3] Dies kann darauf zurückgeführt werden, daß der Unternehmung in Erwartung staatlicher Anordnungen gegenüber dem defensiven Konzept Zeit für Aktionen verbleibt, und somit die oben angesprochenen kurzfristigen Gewinnminderungen nicht zwingend aufzutreten brauchen.

In beiden Fällen muß sich die unternehmerische Entscheidung an den staatlichen Umweltschutzvorschriften orientieren. Da Urteile wie "umweltfreundlich", "umweltneutral" oder "umweltschädlich" immer nur Ausfluß von gesellschaftlichen Konventionen sein können[4], die ihrerseits Resultat eines Abwägens der Mehremissionen bestimmter Schadstoffe und -energien gegenüber den Minderemissionen anderer Schadstoffe und -energien darstellen.

Wenn man in Betracht zieht, daß sich die Unternehmung laufend steigenden Umweltschutzanforderungen durch die Gesellschaft und damit i.d.R. auch durch den

---

[1] zur sozialen oder gesellschaftlichen Verantwortung der Unternehmung vgl. Müllendorff, 1981, S. 16 ff.
[2] vgl. Schmidt, 1986, S. 591
[3] vgl. auch Ausführungen zum Unternehmungszielsystem (B.I.1.ba)), v.a. die Ausführungen zur Auswirkung unterschiedlichen Zeitbezuges der Zielsetzungen
[4] vgl. Lange, 1978, S. 18 u. Strebel, 1980, S. 80

Gesetzgeber gegenübersieht, und überdies empirische Studien[1] einen zunehmenden Stellenwert von Umweltschutzzielen unter den individuellen Zielen gerade auch jüngerer Manager nachgewiesen haben, dürfte deutlich werden, daß eine Weiterentwicklung der klassischen Investitionsrechnungen, die nur ökonomische Kriterien berücksichtigen, hin zu Bewertungsmodellen, die neben ökonomischen auch ökologische sowie technologische Kriterien berücksichtigen, notwendig erscheint.[2]

b) Arten von Umweltschutzinvestitionen
ba) Mögliche Anknüpfungspunkte

Wie bereits in B.II.2.cb) deutlich wurde, können sich die umweltschonenden Maßnahmen der Unternehmung grundsätzlich in Handlungen innerhalb aller drei Phasen des Leistungsprozesses niederschlagen.[3] Im folgenden soll jedoch die Analyse auf die Produktionsseite beschränkt bleiben, da Umweltschutzinvestitionen in erster Linie in dieser Phase relevant sind. Hier verbleiben entsprechend des Produktionsfortschrittes als Anknüpfungspunkte zur Realisierung ökologischer Zielvorstellungen der Input-, Verfahrens- und Outputbereich.

Allerdings handelt es sich bei dieser Differenzierung eher um ein theoretisches Konstrukt. Denn die Variation der Inputfaktoren wird i.d.R. nicht ohne Verfahrensänderungen möglich sein. Genauso wird auch der Einsatz neuer Fertigungsverfahren zu Veränderungen des Inputs führen. Somit ist auch bei der Beurteilung der Umweltschädlichkeit der Produktionsverfahren neben den Emissionen, die die Produktionsverfahren selbst verursachen, die Ressourcenknappheit und die Umweltver-

---

[1] vgl. Töpfer, 1985, S. 241 ff.
[2] so auch Heigl, 1989, S. 11
[3] so z.B. auf der Beschaffungsseite durch die Substitution seltener Einsatzstoffe durch umfangreich vorhandene Einsatzstoffe

träglichkeit der Herstellung von Vorprodukten von Bedeutung.

Anknüp-fungs-punkt	Inputbereich	Verfahrensbereich	Outputbereich
Maßnahme	- Variation der Einsatzmenge - Variation der Einsatzqualität - Variation der Inputfaktoren	- Verfahrensänderungen - Einsatz neuer Verfahren - Erweiterung von Produktionsverfahren - Recycling: Änderung der Stoff- und Energieströme	- Variation der Ausbringungsmenge - Variation des Produktionsprogramms - Entsorgungsmaßnahmen - Recycling

Abb. 6: Mögliche umweltschonende Maßnahmen der Unternehmung

Eine weitere wichtige Differenzierung der umweltschonenden Maßnahmen der Unternehmung im Produktionsbereich ergibt sich, wenn nach dem zeitlichen Aspekt der betrieblichen Maßnahmen des Umweltschutzes unterschieden wird. Wenn die zeitliche Einteilung nach der Veränderbarkeit des mengenmäßigen Bestandes an Potentialfaktoren erfolgt, sich also daran orientiert, ob die Kapazität und Betriebsbereitschaft der Unternehmung als gegeben oder als veränderbar anzusehen ist, ergibt sich folgende Unterteilung:

	kurzfristig	mittelfristig	langfristig
Maßnahmen	zeitliche Anpassung	mittelfristige quantitative Anpassung	langfristige quantitative Anpassung
	intensitätsmäßige Anpassung	mittelfristige qualitative Anpassung	langfristig qualitative Anpassung
	qualitative Anpassung (i.e.S.)		

Abb. 7: Zeitlich differenzierte Umweltschutzmaßnahmen der Unternehmung

Während kurzfristig der Potentialfaktorbestand gleichbleibt, ist langfristig der Potentialfaktorbestand[1] variabel und damit Änderungen unterworfen. Eine mittelfristige Ebene der Umweltschutzmaßnahmen erhält man, wenn man die Potentialfaktoren weiter in Eigentumspotentiale, das sind materielle und immaterielle Betriebsmittel, die die Unternehmung entweder selbst erstellt oder gekauft hat, und Vertragspotentiale, das sind Nutzungsrechte z.B. aus Miet- Pacht- oder Leasingverträgen, differenziert. Mittelfristige Umweltschutzmaßnahmen sind dann Maßnahmen bei gegebenem Bestand an Eigentumspotentialen, aber veränderlichem Bestand an Vertragspotentialen. Als Beispiel wäre etwa an die Vergabe von Forschungverträgen an Forschungsinstitute, z.B. zur Entwicklung neuer emissionsarmer Produktionsverfahren zu denken. Im folgenden beschränkt sich die Analyse der Arbeit allerdings auf die langfristigen Maßnahmen der Unternehmung, die sich wiederum folgendermaßen unterteilen lassen:

---

[1] unter Potentialfaktoren werden größere unteilbare Einheiten verstanden, wie z.B. Gebäude, Maschinen, die je nach verlangter Leistungsintensität verschiedene Leistungen in den Produktionsprozeß einbringen, vgl. dazu Gutenberg, 1983, S. 326

mit Abbau vorhandener Eigentumspotentiale		mit Aufbau neuer Eigentumspotentiale	
bei konstanter Faktorqualität und veränderlicher Produktionsmenge		Umweltschutzinvestitionen im engeren Sinne	
langfristig quantitative Anpassung		langfristig qualitative Anpassung	
Stillegung eines ganzen Werkes bzw. einer Anlage = vollständige (endgültige) Stillegung	Stillegung einzelner Teileinheiten bei voller Nutzung der anderen Teileinheiten = teilweise (endgültige) Stilllegung	integrierte Umweltschutzmaßnahmen	additive Umweltschutzmaßnahmen
		z.B. Einsatz neuer schadstoffarmer Produktionsverfahren; eigene Forschungspotentiale	dem Produktionsprozeß vorgeschaltete Einrichtungen, z.B. Anlagen zur Schadstoffbeseitigung aus Rohstoffen	dem Produktionsprozeß nachgeschaltete Einrichtungen, z.B. Filteranlagen, Kläranlagen
Vermeidungsmaßnahmen			Beseitigungsmaßnahmen

Abb. 8: Langfristige Anpassungsmaßnahmen im Produktionsbereich

Entsprechend der Fragestellung der Arbeit interessieren hier nur die Umweltschutzinvestitionen i.e.S.. Dabei werden unter Umweltschutzinvestitionen Ausgaben in Anlagen oder Anlagenteile verstanden, die dazu dienen, die von der Unternehmung ausgehende Belastung der

Umwelt zu verringern, zu vermeiden oder zu beseitigen. Auf die Unterscheidung von additiven und integrierten Umweltschutzinvestitionen wird im folgenden Abschnitt noch näher eingegangen.

Zur Vollständigkeit muß als weitere Handlungsalternative des umweltschonenden Verhaltens der Unternehmung die produktbezogene Investition genannt werden.[1] Unter dieser versteht man den Zugang von Sachanlagen für die Herstellung von Erzeugnissen, die bei ihrer Verwendung eine verminderte Umweltbelastung hervorrufen.[2] Diese kann zum einen durch eine Verringerung des Rohstoffverbrauchs in der Verwendungsphase[3], zum anderen durch Senkung von Emissionen bei der Verwendung[4] sowie durch eine Verminderung der Emissionen in der Entsorgungsphase erfolgen.[5] Diese Art der Investition ist es vor allem, die immer wieder als Beweis für die Behauptung einer Komplementarität zwischen Erfolgsziel und ökologischer Zielsetzung angeführt wird.[6] Auslöser für die Fertigung umweltgerechter Erzeugnisse sind dann zunächst ein verändertes Konsumentenverhalten und daraus ableitbare Einschränkungen der Marktchancen der bisher angebotenen Produkte in der Zukunft.[7] Dieser Effekt wird oftmals noch dadurch verstärkt, daß der Staat den Besitzern umweltfreundlicher Produkte Benutzervorteile einräumt. Beispiele hierfür sind die Nutzung lärmarmer LKWs und Rasenmäher oder auch die Ausnahme von Fahrzeugen mit geregelten Drei-Wege-Katalysatoren von Fahrbeschränkungen in Smog-Situationen. Auch können direkte staatliche Auflagen über Produkteigenschaften die Unternehmung zur Elimination umweltgefährdender Produkte zwingen. Eine wesentliche Determinante spielt

---

[1] auch diese wird i.a. als Umweltschutzinvestition bezeichnet
[2] vgl. Gernert, 1990, S. 76
[3] z. B. konstruktive Änderungen bei Verbrennungsmotoren zur Senkung des Treibstoffverbrauchs
[4] z.B. Übergang zu phosphatfreien Waschmitteln
[5] z.B. durch den Verzicht auf aufwendige Mehrfachverpackungen
[6] so Wicke, 1988; Winter, 1987, S. 20; zu den Erfolgschancen ökologischer Produktinnovationen , vgl. Ostmeier, 1990, der diese auch empirisch untersucht
[7] Wicke u.a., 1992, S. 187

hierbei sicherlich die Verschärfung der Produkthaftung mit der Beweislastverschiebung vom Konsumenten hin zum Produzenten. Beispiele derartiger Umweltschutzinvestitionen sind[1]:
- vollständiger Ersatz von Asbest in Hochbauprodukten bis 1990,
- Beschränkungen des Phosphateinsatzes in Waschmitteln,
- Reduzierung des Einsatzes von Fluorkohlenwasserstoffen als Treibmittel.

Derartige produktbezogene Umweltschutzinvestitionen zählen nicht zu den Umweltschutzinvestitionen i.e.S. und bleiben im weiteren Verlauf der Arbeit unberücksichtigt.

bb) Integrierte und additive Umweltschutzinvestitionen

Integrierte Umweltschutzinvestitionen, oftmals auch als verfahrensbezogene Umweltschutzinvestitionen bezeichnet, sind meist Investitionen in Sachanlagen, die den Bereich der Verfahrenstechnik betreffen und mit denen i.d.R. eine grundlegende Änderung des Produktionsprozesses verbunden ist.[2] Als integrierte Maßnahme werden sie deswegen bezeichnet, weil ihr Einsatz sowohl produktionsnotwendig ist als auch gleichzeitig dem Umweltschutz dient. Ihre Vorteile unter Umweltschutzgesichtspunkten sind, daß sie Bestandteil des "eigentlichen" Produktionsprozesses sind.[3] Dabei können diese Vorteile sowohl bzgl. des Ressourcenziels als auch bzgl. des Emissionsziels bestehen. Im ersten Fall handelt es sich um den Übergang zu Herstellungsverfahren mit einem höheren ressourcenbezogenen Wirkungsgrad.[4] Im zweiten Fall wird ein Herstellungsverfahren

---

[1] vgl. hierzu und mit weiteren Beispielen Wicke u.a., 1992, S. 187
[2] vgl. Lange, 1978, S. 194
[3] vgl. Lange, 1978, S. 194
[4] das bedeutet, daß das Verfahren eine bestimmte Produktionsmenge mit 'weniger' Energie und Material erstellt; wobei 'weniger'
(Fortsetzung...)

mit höherem emissionsbezogenem Wirkungsgrad[1] eingesetzt. Als Beispiele lassen sich der Einsatz wasserlöslicher Lacke in der Automobilindustrie[2], die Stahlgewinnung durch Sauerstoffaufblaskonverter, das Doppelkontaktverfahren bei der Schwefelsäuregewinnung oder EDV-Prozeßsteuerungen mit geringeren Emissionen anführen.

Additive Umweltschutzinvestitionen sind im Gegensatz zu integrierten Maßnahmen dadurch gekennzeichnet, daß sie zusätzlich zu den bestehenden Produktionspotentialen eingesetzt werden. Das bisherige Produktionsverfahren wird also beibehalten. Dabei können die additiven Umweltschutzinvestitionen diesem Produktionsverfahren sowohl vorgeschaltet als auch nachgeschaltet sein. Die vorgeschalteten Anlagen dienen dazu die Einsatzfaktoren so vorzubehandeln, daß die Umweltbelastungen des eigentlichen Produktionsprozesses vermindert werden. Als Beispiel wäre daran zu denken, daß die Unternehmung in einer eigenen Anlage Brennstoffe vor dem Gebrauch entschwefelt. Da diese Alternative immer mit der kurzfristigen Anpassungsmöglichkeit des Zukaufs umweltschonender Einsatzstoffe konkurriert, ist er in der Praxis nicht allzu häufig.[3] Häufiger ist der Fall der sogenannten end-of-pipe Technologien. Bei diesen geht es im wesentlichen darum, bereits entstandene Reststoffe aufzufangen bzw. umzuwandeln, um die Belastung der Umwelt zu verringern. Typische Beispiele derartiger end-of-pipe Technologien sind Filter, Schalldämpfer, Absorber etc..[4]

---

[4] (...Fortsetzung)
auch den Fall einschließen soll, daß die Unternehmung knappe Einsatzstoffe durch weniger knappe Einsatzstoffe substituiert
[1] dieser gibt das Verhältnis von der Menge des erwünschten Outputs zu der Menge des unerwünschten Outputs an
[2] vgl. Steger, 1991, S. 38 f.
[3] vgl. Lange, 1978, S. 182
[4] vgl. mit ausführlichen Beispielen Senn, 1986, S. 107 ff.

Als Zwischenform zwischen additiver und integrierter Technologie ist das Recycling anzusehen.[1] Unter Recycling versteht man die Rückführung von unerwünschtem Output zur weiteren Nutzung in den Produktions- oder in den Konsumtionsprozeß,[2] wobei dieser erneuten Nutzung naturgesetzliche Grenzen gesetzt sind. Zum einen ist die Anzahl der möglichen Wiederverwendungen begrenzt[3], zum anderen ist in der Regel für die Wiederverwendung ein zusätzlicher Aufbereitungsprozeß[4] notwendig. Diesem Umstand ist es in erster Linie zuzuschreiben, daß die Vorteilhaftigkeit des Recycling unter ökologischen Gesichtspunkten[5] an Eindeutigkeit verliert. Mithin kommt es zu einem Aufrechnungsproblem, in dem die für den Aufbereitungsprozeß erforderlichen Rohstoffe und Energie sowie die in diesem Prozeß anfallenden Abfälle einerseits und die Entlastung der Umwelt durch das Recycling andererseits gegeneinander aufgerechnet werden müssen.

Integrierte Umweltschutzinvestitionen haben gegenüber nachgeschalteten Beseitigungsmaßnahmen zwei wesentliche umweltpolitische Vorteile[6]: einerseits bieten sie eine tatsächliche Verringerung der in die Umwelt abgegebenen Emissionsmenge, während nachgeschaltete Maßnahmen nicht selten nur eine Problemverlagerung zwischen den einzelnen Umweltmedien bringen.[7] Andererseits kann nach dem Gesetz der Erhaltung der Materie,

---

[1] einige Autoren sehen im Recycling eine Sonderform einer additiven Technologie, so bspw. Lange, 1978, S. 190; andere hingegen betrachten es als Sonderform einer integrierten Technologie, bspw. Schreiner, 1991, S. 4
[2] vgl. Jahnke, 1986, S. 4
[3] z.B. durch Bruch bei Mehrwegverpackungen
[4] kann als nachgeschaltete Umweltschutzinvestition charakterisiert werden; vgl. zur genaueren Differenzierung in Wiederverwendung, Weiterverwendung, Wiederverwertung und Weiterverwertung, Schreiner, 1991, S. 59 ff.
[5] diese ergibt sich durch den Doppeleffekt der Einsparung von Rohstoffen und Energie einerseits und dem verminderten Anfall von Abfällen andererseits
[6] vgl. Zimmermann, 1988, S. 327 f.
[7] als Beispiel kann die Abfallverbrennung genannt werden, bei der das Umweltmedium Boden zu Lasten des Umweltmediums Luft entlastet wird

welches besagt, daß die im Produktionsprozeß eingesetzten Stoffe zwar transformiert werden, aber mengenmäßig erhalten bleiben[1], gefolgert werden, daß eine Verringerung der Emissionen bei konstantem Produktionsumfang immer einhergeht mit einem quantitativ geringeren Rohstoffeinsatz.

Diesen ökologischen Vorteilen der integrierten Technologien steht ihre geringe Verbreitung in der betrieblichen Praxis gegenüber. So betrug der Anteil der integrierten Technologien an den gesamten Umweltschutzinvestitionen für den Zeitraum von 1975-1985 nur 19%[2], wobei sich wesentliche Unterschiede in den einzelnen Umweltbereichen zeigen. Während bei der Lärmbekämpfung immerhin ca. 32,8% der Umweltschutzinvestitionen auf integrierte Technologien entfielen, bei der Luftreinhaltung 20,6%, waren es bei der Wasserreinhaltung nur ca. 14,8% und im Abfallbereich nur noch 13,3%. Hartje/Zimmermann[3] analysieren diesen Tatbestand anhand unterschiedlicher, für die Entscheidung der Unternehmung wichtiger Determinanten der beiden Alternativen, wobei sie davon ausgehen, daß die Unternehmung nach Kostenminimierung strebt. Nach ihren Ergebnissen sind maßgebliche Gründe für die Bevorzugung von nachgeschalteten Umweltschutzinvestitionen durch die Unternehmung:

(1) die Irreversibilität von Investitionen
(2) Anpassungs- und Umstellungskosten
(3) ökonomische, technische und regulatorische Risiken.

ad (1): dieser Tatbestand führt vor allem dann zu einer Bevorzugung von end-of-pipe Technologien, wenn die bereits bestehenden Produktionsanlagen weiter genutzt werden, also nicht durch funktionsgleiche ersetzt werden. Denn dann werden Kosten der alten

---

[1] vgl. Michaelis, 1991, S. 105
[2] vgl. Hartje/Zimmermann, 1988, S. 24
[3] vgl. Hartje/Zimmermann, 1988, S. 7 ff.

Anlagen von der Unternehmung als sunk costs behandelt und nicht mit ins Kalkül gezogen.

ad (2): überdies zeichnen sich nachgeschaltete Maßnahmen dadurch aus, daß der normale Produktionsablauf kaum unterbrochen oder verändert wird, somit also geringere Anpassungs- und Umstellungskosten entstehen.

ad (3): da integrierte Umweltschutzinvestitionen in der Regel neuartige Entwicklungen sind, und überdies bei ihnen Produktion und Emissionskontrolle untrennbar miteinander verbunden sind, bringen sie größere technische und ökonomische Risiken mit sich. Zudem ist das 'regulatorische Risiko', das darin besteht, daß die Zulassungsbehörde keine Betriebsgenehmigung erteilt, bei den vergleichsweise neuen und daher weniger erprobten, integrierten Technologien größer als bei den konventionellen nachgeschalteten Maßnahmen.

III. Informatorische Fundierung der Handlungsalternativen

1. Das Informationsproblem

a) Unvollkommenheit der Information

Zu den Grundproblemen jeder Investitionsentscheidung zählt die Unvollkommenheit der Information. Diese setzt sich aus den drei Komponenten Unvollständigkeit, Unbestimmtheit und Unsicherheit zusammen. Unvollständig ist der Informationsstand dann, wenn für die Investitionsentscheidung relevante Informationen fehlen.[1] Die Unvollständigkeit des Informationsstandes kann sich sowohl durch das fehlende Informationsangebot als auch wegen der unzulänglichen Informationsnachfrage des Entscheidungsträgers ergeben. Die beiden anderen Kom-

---

[1] vgl. Wittmann, 1958, S. 56

ponenten unvollkommener Information, Unbestimmtheit und
Unsicherheit, auch als qualitative Komponenten bezeichnet, bedingen sich gegenseitig: je unbestimmter eine
Information ist , desto sicherer ist sie. Vice versa,
je bestimmter, desto unsicherer ist die Information.[1]
Die Bestimmtheit ist die Genauigkeit des Sachgehalts,
der durch die Information gegeben ist[2] und hängt in
erster Linie von der Meßbarkeit eines Sachverhalts ab.
Bei der Sicherheit steht der Wahrheitsgehalt der entscheidungsrelevanten Information im Vordergrund. Sie
drückt sich dadurch aus, daß der Eintritt von Ereignis-
sen entweder nur mit objektiven Wahrscheinlichkeiten,
d.h. aufgrund statistischer Gesetzmäßigkeiten aus der
Fülle der Beobachtungen, oder aber mit subjektiven
Glaubwürdigkeiten, d.h. aufgrund persönlicher Einschätzung für den Eintritt eines Ereignisses, gewichtet für
wahr befunden wird.

Diese Unvollkommenheit der Information ist ein Fakt
für jede Investitionsentscheidung. Allerdings sind die
beschriebenen Determinanten für einzelne Investitionsentscheidungen unterschiedlich stark ausgeprägt. So
wird die Unvollkommenheit der Information bei der
Entscheidung über eine Ersatzinvestition in einer wenig
dynamischen Branche weit weniger zum Tragen kommen als
dies bei der Erweiterungsinvestition in einem sehr
dynamischen Marktsegment der Fall sein wird. Gerade
Entscheidungen über Umweltschutzinvestitionen sind
durch ein außerordentliches Maß an Unvollkommenheit der
Information gekennzeichnet.[3]

---

[1] vgl. Berthel, 1967, S. 60
[2] vgl. Schmidt, 1984, S. 58
[3] vgl. Schmidt, 1974, S. 168

b) Ursachen der Unvollkommenheit

  ba) Unternehmungsexterne Ursachen

   baa) Art der Indikatoren

Mitverantwortlich für den unvollständigen und unsicheren Informationsstand der Unternehmung bei der Entscheidung über Umweltschutzinvestitionen sind die Schwierigkeiten des Staates bei der Festlegung des Standards für den Umweltschutz. Der Staat legt über das Aufstellen von Vorgaben fest, was unter Umweltschutz zu verstehen ist.[1] Der Zweck dieser Vorgaben besteht darin, "Menschen sowie Tiere, Pflanzen und andere Sachen vor schädlichen Umwelteinwirkungen...zu schützen und dem Entstehen schädlicher Umwelteinwirkungen vorzubeugen"[2]. Mithin soll sichergestellt sein, daß selbst bei gleichzeitigem Auftreten aller Komponenten eine Schädigung der menschlichen Gesundheit unterbleibt.[3] Die vom Staat erlassenen Grenzwerte für die Immissionen oder auch für die Emissionen sollen dann genau dem Wert der unschädlichen Maximaldosis[4] entsprechen.

Allerdings bereitet bereits die Frage, welche Indikatoren als Kriterien für umweltschonendes Verhalten herangezogen werden sollen, erhebliche Probleme. Da längst noch nicht die Auswirkungen aller Stoffe auf den Menschen hinreichend analysiert sind, ist keineswegs sicher, ob für alle umweltschädlichen Stoffe Grenzwerte erlassen worden sind. Wegen des starken Wandels des Standes der Wissenschaft gerade im Umweltschutzbereich muß die Unternehmung mit sich immer wieder wandelnden Anforderungen des Staates rechnen. Neben dieser Unsicherheit bzgl. der Art der Stoffe, für die der Staat Grenzwerte erläßt, ist auch die Höhe der Grenzwerte in

---

[1] vgl. auch Kap. B.II.1. dieser Arbeit
[2] BImSchG §1
[3] vgl. Umweltbundesamt, 1978, S. 259
[4] auch 'no efect level' genannt

der Zukunft eine äußerst unsichere Größe für die Unternehmung.[1]

bab) Höhe der Grenzwerte

Die Bestimmung der Höhe der Grenzwerte kann i.d.R. auf zwei Wegen erfolgen. Entweder werden die Schadstoffwirkungen durch isolierte Experimente oder aber durch die epidemologische Forschung untersucht. Im ersten Fall, auch toxikologische Methode genannt, werden an lebenden Organismen die kausalen Zusammenhänge der Wirkungen verschiedener Substanzen in unterschiedlicher Dosierung beobachtet. Mit Hilfe eines Analogieschlusses werden dann die gewonnenen Ergebnisse auf den Menschen übertragen.

Im zweiten Fall werden Bevölkerungsgruppen, die entsprechenden Schadstoffimmissionen ausgesetzt waren oder sind, direkt untersucht. Mit Hilfe statistischer Verfahren werden die Ergebnisse der einzelnen Personen dann verarbeitet und die Grenzwerte festgelegt.[2] Bei beiden Methoden gibt es jedoch spezielle Anwendungsprobleme, die dazu führen, daß die vom Staat erlassenen Grenzwerte für die Unternehmung nicht als feste Größe ansetzbar sind, sondern vielmehr eine dynamische und für die Unternehmungsplanung unsichere Größe darstellen.

Bei der toxikologischen Methode sind dies insbesondere die folgenden Probleme:
- die Unsicherheit hinsichtlich des Analogieschlusses von lebenden Organismen auf den Menschen. Es kann als gesicherte Erkenntnis gelten, daß verschiedene Lebewesen unterschiedlich auf ein- und denselben Schadstoff reagieren.

---

[1] vgl. Brink, 1989, Sp. 2051
[2] vgl. zu den einzelnen Verfahren Heller, 1985, S. 139 ff.

- die Unsicherheit bei der Übertragung von Kurzfristergebnissen auf langfristige Entwicklungen. Da bei Experimenten mit lebenden Organismen meist nur kurze Expositionszeiträume[1] möglich sind, wird in der Praxis versucht, die langfristigen Auswirkungen über höhere Immissionsdosen zu simulieren. Ob auf diesem Wege Aussagen über erst nach längerer Zeit auftretende Schädigungen, wie etwa karzinogene Schäden, oder gar erst spätere Generationen betreffende Schädigungen, wie etwa mutagene Schäden, getroffen werden können, erscheint äußerst zweifelhaft.
- die Unsicherheit hinsichtlich von Synergismuseffekten. Im Experiment wird die Schadenswirkung von einzelnen Stoffen isoliert untersucht. In der Natur treten dagegen viele Stoffe gleichzeitig auf, so daß die Gesamtwirkung viel stärker ausfallen kann als die Summe der Einzelwirkungen.

Zwar wird epidemologischen Forschungen zugeschrieben, bessere Aussagen über den Zusammenhang von Immissionsstand und Krankheitsfolgen zu ermöglichen, insbesondere da hier das Problem der Analogieschlüsse nicht mehr in dem Umfang auftritt, wie dies bei der toxikologischen Methode der Fall ist. Allerdings treten auch bei diesem Verfahren Probleme, v.a. methodischer Art, auf:
- zunächst ist die Vergangenheitsorientierung derartiger Analysen zu nennen. Epidemologische Forschungen messen die Schäden erst, wenn sie bereits entstanden sind. Diese ex post-Betrachtung widerspricht jedoch dem bereits angesprochenen Vorsorgeprinzip der Umweltpolitik.[2]
- als weiterer Schwachpunkt der epidemologischen Forschung sind die verbleibenden unumgänglichen Analogieschlüsse zu nennen. Unumgänglich sind

---

[1] Zeitraum der Schadstoffeinwirkung
[2] vgl. Dürrschmidt, 1988, S. 244

diese deshalb, weil auch bei dieser Methode keine präzisen kausalen Ursache-Wirkungs-Beziehungen abgeleitet werden können.[1]
- ein letzter Nachteil dieses Verfahrens besteht darin, daß diese Analyse im Gegensatz zum Experiment nicht beliebig wiederholbar ist.

Insgesamt bleibt also festzuhalten, daß es sich sowohl bei nach der toxikologischen Methode als auch bei nach der epidemologischen Methode ermittelten Grenzwerten um relativ unsichere, der Unternehmungsplanung keineswegs als feste Determinanten ihrer Entscheidungen zur Verfügung stehende Größen handelt. Als Beispiel für die Unsicherheit der Grenzwerte läßt sich die zeitliche Entwicklung der Grenzwerte für Staub-, Schwefeldioxid- und Stickoxid-Emissionen steinkohlebefeuerter Anlagen, welche größer als 300 MW$_{th}$ sind, anführen:

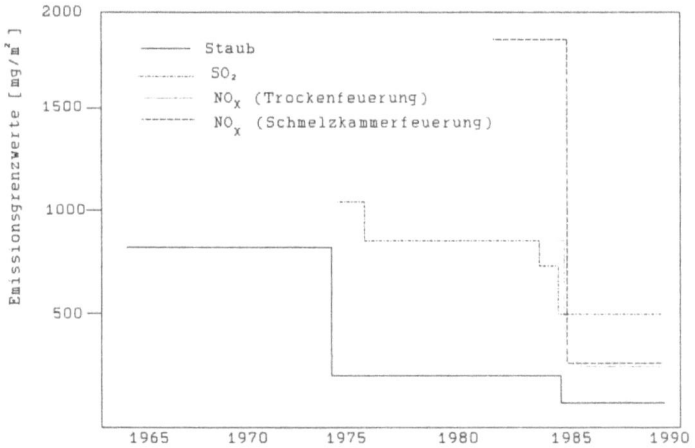

Abb. 9: Entwicklung der Grenzwerte für steinkohlebefeuerte Anlagen
Quelle: Wicke, u.a., 1992, S.265

---

[1] so müssen z.B. auch hier Analogieschlüsse von kleinen Konzentrationen auf große Mengen getätigt werden, vgl. Türck, 1990, S. 129

bb) Unternehmungsinterne Ursachen

Neben den unternehmungsexternen Ursachen der Unvollkommenheit der Information bei der Entscheidung über Umweltschutzinvestitionen gibt es auch unternehmungsintern bedingte Gründe für die Unvollkommenheit des Informationsstandes. Neben der Ermittlung der eigenen Emissionen resultieren diese auch aus Abgrenzungsproblemen im Bereich der Ausgaben-/Einnahmenströme von Umweltschutzinvestitionen.

Auch Umweltschutzinvestitionen, deren Kennzeichen es ist, daß sie der Verringerung, Vermeidung oder Beseitigung von Umweltbelastungen durch die Unternehmung dienen, sind wie jede Investition durch einen Strom von Ausgaben und Einnahmen[1] gekennzeichnet. Bereits für die Bestimmung der Ausgaben-/Einnahmenströme von Umweltschutzinvestitionen ergeben sich erhebliche sachliche Abgrenzungsprobleme. Sachliche Abgrenzungsprobleme treten v.a. auf, wenn Investitionen getätigt werden sollen, die nicht nur Umweltschutzzwecken, sondern auch anderen Zwecken dienen. Kosten des Umweltschutzes und produktionsbedingte Kosten lassen sich i.d.R. dann nicht voneinander abgrenzen, wenn
   a) dieselbe Maßnahme sowohl dem Umweltschutz als auch der Produktion dient.[2] Dies ist etwa der Fall, wenn ein der Produktion dienender Staubabscheider aus Gründen der Emissionsminderung mit einem höheren Abscheidegrad gefahren wird.
   b) wegen der Umweltschutzinvestition auch in anderen Nicht-Umweltschutzbereichen der Unternehmung größere Kapazitäten notwendig werden. So kann bspw. der Bau einer Rauchgasentschwefelungsanlage dazu führen, daß die Hilfsbetriebe, wie Feuerwehr

---

[1] dieser Fall tritt bspw. dann auf, wenn bei der Reinigung durch Reinigungsanlagen Kuppelprodukte entstehen, die innerhalb oder außerhalb der Unternehmung verwertet werden können
[2] dies ist gerade das Kennzeichen von den verstärkt geforderten integrierten Umweltschutzinvestitionen

oder insgesamt das Löschsystem, erweitert werden müssen.

c) wenn der Bau oder der Betrieb der Umweltschutzanlage Rückwirkungen auf den Produktionsprozeß selbst hat. Diese können sich in Veränderungen des Wirkungsgrades der Produktion, der produzierten Menge oder der Produktzusammensetzung äußern.

Für eine sinnvolle Berechnung der Vorteilhaftigkeit von Umweltschutzinvestitionen müssen diese Abgrenzungsprobleme jedoch gelöst werden, und es ist zu fordern, daß diejenigen Anlagen und Anlagenteile, die dem Umweltschutz dienen, von denen, die der Produktion dienen, prozeßtechnologisch sinnvoll abzugrenzen und in einer der Kostenermittlung angemessenen Genauigkeit zu erfassen sind.[1] Um derartigen Abgrenzungsproblemen zu begegnen, wurden in der Literatur eine Vielzahl von Methoden entwickelt.[2] Insgesamt geht es dabei darum, den Anteil der Ausgaben für den Umweltschutz an den Gesamtausgaben abzuschätzen.

2. Methoden der Informationsgewinnung

a) Bestimmung der Emissionen

Zur Erfassung der Emissionen einer Unternehmung wurde eine Reihe von Informationsinstrumenten entwickelt. Einen umfassenden Überblick über die "Instrumente einer sozialökologischen Folgenabschätzung"[3] gibt Freimann, wobei nicht bei allen die Ermittlung der Emissionen im Vordergrund des Interesses steht. Er differenziert 17 verschiedene Verfahrensansätze, die er nach unterschiedlichen Anwendergruppen in 3 Kategorien einteilt: die managementorientierten Verfahren, die

---

[1] vgl. VDI-Kommission Reinhaltung der Luft, 1979, S. 3; weitere Abgrenzungsprobleme wie z.B. zu Kosten des Arbeitsschutzes, zu Kosten der Arbeitstechnik oder zu Kosten für innerbetriebliche Infrastrukturmaßnahmen führt Rentz an, vgl. Rentz, 1979, S. 18 ff.
[2] vgl. Rentz, 1979, S. 26 ff.
[3] vgl. Freimann, 1989, insbesondere S. 166 ff.

Ansätze mit pluralistischer Ausrichtung und die arbeiterorientierten Instrumente.

Eine andere und im Rahmen dieser Arbeit bedeutende Systematisierung ergibt sich, wenn danach unterschieden wird, ob im Rahmen der verschiedenen Konzepte eine Wertaggregation erfolgt oder diese unterbleibt. Methodisch erfolgt diese entweder über eine vollständige Monetarisierung der Umweltauswirkungen der Unternehmungstätigkeit oder verschiedene Spielarten der Nutzwertanalyse. Auf diese die Modellanalyse[1] betreffende Problematik soll erst in Kap.C. näher eingegangen werden. An dieser Stelle stehen vielmehr Umweltinformationsinstrumente, die der Erfassung der von der Unternehmung ausgehenden Umweltbelastungen dienen, im Vordergrund. Hierzu zählen insbesondere Stoff- und Energiebilanzen, die Produktfolgeabschätzung und Produktlinienanalyse sowie Umweltindikatoren und Umweltkennziffern.

aa) Stoff- und Energiebilanzen

Stoff- und Energiebilanzen legen den Schwerpunkt auf eine breit angelegte Datenanalyse und verbale qualitative Darstellung der Input- und Outputströme. Ziel derartiger Ansätze ist es, die materiellen Austauschprozesse zwischen Produktionssphäre und Naturhaushalt transparent zu machen. Wärend es sich bei der Stoffbilanz um die Gegenüberstellung von eingebrachten Stoffmengen handelt, dreht es sich bei der Energiebilanz um die Gegenüberstellung von ein- und ausgebrachten Energiemengen.[2] Neben dieser Funktion als Analy-

---

[1] vierte Phase des Entscheidungsprozesses über eine Umweltschutzinvestition; während die Problematik der Unvollkommenheit der Information v.a. in der dritten Phase des Entscheidungsprozesses der informatorischen Fundierung zum Tragen kommt; vgl. zu den Prozeß der Investitionsentscheidung Schmidt, 1984, S. 41 ff.

[2] vgl. Schulz, 1989b, S. 70 ff.; wegen der formalen Ähnlichkeit der Problematik der beiden Ansätze wird im folgenden nur auf die Stoffbilanz eingegangen

seinstrument werden Stoff- und Energiebilanzen auch als Planungsinstrument genutzt.[1] Im folgenden wird jedoch nur erstere Funktion der Stoff- und Energiebilanzen betrachtet. Deren theoretischer Bezugspunkt sind die physikalischen Sätze der Masse- und Energieerhaltung, wonach in einem geschlossenen System die Summen aller Massen und Energien konstant bleiben. Betrachtet man nun den Produktionsprozeß als ein solches 'geschlossenes System' so muß der Input, stofflich-energetisch gesehen, dem Output quantitativ entsprechen.[2] Abbildung 8 zeigt als Beispiel ausgewählte Daten einer Stoffbilanz für zwei verschiedene Prozesse der Rübenzuckerherstellung; einmal ein Verfahren ohne Recycling und ohne die Beseitigung der flüssigen Abfälle ("High Residual Process") und zum anderen ein Verfahren mit Entsorgungstechnologien ("Low Residual Process"). In diesem Beispielsfall läßt die Stoffbilanz erkennen, daß der Übergang zu einem Produktionsprozeß mit angeschlossener Entsorgungstechnologie zu einer weitgehenden Reduzierung der organischen Abfälle, allerdings unter Inkaufnahme einer niedrigen Erhöhung anderer fester und gasförmiger Abfall- und Schadstoffe (bspw. von SO_2) führt. Grundsätzlich sind Stoffbilanzen nützliche Informations- und Entscheidungshilfen bei relativ überschaubaren Herstellungsverfahren, die durch geringe Komplexität und relativer Unverbundenheit gekennzeichnet sind.[3] Ihre Grenzen haben derartige Analyseinstrumente allerdings dort, wo die Komplexität des Herstellungsprozesses sowie die vertikalen und horizontalen Verflechtungen mehrerer Prozeßstufen und Einzelprozesse die Ermittlung der unternehmungsinternen und -externen Daten als zu schwierig erscheinen läßt.

---

[1] vgl. Hofmeister, 1989, S. 85
[2] vgl. Projektgruppe, 1984, S. 53
[3] vgl. Schmidt, 1985, S. 122

Inputs and Outputs		High Residual	Low Residual
INPUTS	Beets	2.200	2.200
	Limestone	60	60
	Coal	260	350
	Sulfur	0,28	0,28
PRODUCTS OUTPUTS	Sugar	285	285
	Pulp	100	100
	Concentrated Steffens filtrate	-	100
WASTE RESIDUALS	SO_2	10	14
	$CaCO_2$	120	120
	Coal ashes	29	39
	Organics	122	25
	Soil	200	200

Abb. 10: Ausgewählte Daten aus Materialbilanzen für zwei Prozesse der Rübenzuckerproduktion
Quelle: Ayres/Kneese, 1969, S. 53

ab) Produktfolgeabschätzung und Produktlinienanalyse

Die Produktfolgeabschätzung[1] und Produktlinienanalyse[2] sind der Stoff- und Energiebilanz nicht unähnliche ökologische Informationsinstrumente. Bei beiden Verfahren handelt es sich um eine produktbezogene bzw. produktlinienbezogene[3] Betrachtung des gesamten "Lebenszykluses" dieser Produkte bzw. Produktlinien. Wobei

---
[1] von Müller-Witt konzipiert, vgl. Müller-Witt, 1985, S. 282 ff.
[2] Fortentwicklung der Produktfolgeabschätzung des Öko-Instituts
[3] Produkte werden zu wenigen grundsätzlichen Alternativen, sogenannte Produktlinien aggregiert, vgl. Freimann, 1989, S. 107

hier "Lebenszyklus" der Produkte nicht im herkömmlichen Sinne als Zustand und Entwicklung eines Produktes am Markt zu verstehen ist, sondern als das "Leben" eines Produktes von der Materialbeschaffung über die Verarbeitung, den Vertrieb und Konsum bis hin zur letztendlichen Beseitigung. Kernstück der Ansätze bilden die Produktfolgematrix bzw. die Produktlinienmatrix, die in der Kopfseite den Lebenszyklus eines Produktes bzw. einer Produktlinie und in der Kopfspalte die sozialen und ökologischen Auswirkungen enthalten. Diese werden differenziert in Wirkungen hinsichtlich der Ressourcen-Inanspruchnahme, der ökologischen Belastungswirkungen und als Restgröße der sozialen Verträglichkeit. Die Befürworter der Produktfolgeabschätzung schlagen zur zahlenmäßigen Erfassung einzelner Auswirkungsarten vor, die einzelnen Matrixfelder mit Punktwerten - von minus fünf bis plus fünf - auszufüllen. Zusätzlich ist eine Gewichtung der einzelnen Kriterien denkbar. Damit kann durch Addition von Zeilen- und Spaltenvektoren ein Gesamtwert errechnet werden. Dieser Ansatz entspräche der Konzeption einer Nutzwertanalyse.[1] Von den Vertretern der Produktlinienanalyse wird eine derartige Wertaggregation jedoch abgelehnt. So schreibt Zahrnt[2]: "Wir beschränken uns deshalb in der Produktlinienanalyse darauf, die Vieldimensionalität der untersuchten Probleme zu analysieren und darzustellen und Bewertungen überwiegend verbal-qualitativ vorzunehmen, d.h. wir verzichten bewußt auf einen quantitativen Gesamtvergleich der Alternativen anhand jeweils einer aggregierten Maßgröße".

---

[1] dazu mehr in Kap.C
[2] Zahrnt, 1986, S. 15

Lebenszyklus des Produkts\ soziale und ökologische Auswirkungen	Materialbeschaffung	Herstellung/ Verarbeitung	Transport/ Verteilung	An-,Verwendung/ Gebrauch	Verbrauch, Entsorgung/Beseitigung	Σ
Fragen zur Ressourcenintensität und Qualität: - regenerierbarer Rohstoff - nicht regenerierbarer Rohstoff - recycelter Rohstoff - Belastung aus Vorprodukten - Kapitalintensität - Energieintensität - Neben-, Folge- oder Fernwirkungen sonstiger Art						
Fragen zur ökologischen Belastung: - Bodenbelastung - Boden-/Flächenverbrauch - Luftbelastung - Lärmbelastung - Gewässerbelastung - Wasserverbrauch - Belastung von Pflanzen, Tieren, Menschen - Abwärmebelastung - Neben-, Folge- oder Fernwirkungen sonstiger Art						
Fragen zur sozialen Verträglichkeit: - Arbeitsintensität - Gesundheitsbelastung am Arbeitsplatz - Monotonie am Arbeitsplatz - Fehlerfreundlichkeit - Reparaturfreundlichkeit - Gebrauchsintensität - Neben-, Folge- oder Fernwirkungen sonstiger Art						
Σ						Σ Σ

Abb. 11: Produktfolgematrix im Konzept der Produktfolgeabschätzung

Freimann[1] hebt den umfassenden Bewertungsanspruch und geringen methodisch formalen Aufwand von Produktfolgeabschätzung und Produktlinienanalyse hervor, da diese nicht nur verbrauchs- und gebrauchsbezogene Nut-

---

[1] vgl. Freimann, 1989, S. 170

zungsqualitäten der Produkte erfassen, sondern es überdies ermöglichen, auch die "Produktionsbedingungen und -folgen im Zulieferbereich (z.B. Kinderarbeit oder Monokulturen in der dritten Welt), die Arbeitsbedingungen bei der Produkt-Herstellung und die oft erst sehr spät auftretenden Entsorgungsprobleme in den Blick zu nehmen"[1].

ac) Umweltkennziffern

Zur Erhöhung des Informationsgehaltes der Umweltberichterstattung werden eine Reihe von Umweltkennziffern vorgeschlagen.[2] So zum Beispiel die "Umweltproduktivität" als Quotient aus dem Produktionsergebnis und dem Umweltverbrauch oder etwa "Umweltelastizitätskoeffizienten", die angeben, um wieviel Prozent der Umweltverbrauch steigt, wenn die Kenngröße, etwa der Umsatz oder der cash flow, steigt. Hierbei stellt sich jedoch wiederum das Problem, den Umweltverbrauch zu bestimmen[3], und in diesem Zusammenhang auch die Frage in welcher Dimension derartige Kennziffern angegeben werden sollen. Also die Frage, ob eine Art Gesamtindikator durch die Aggregation der Einzelbelastungen gebildet werden soll, oder ob man sich darauf beschränkt, Einzelindikatoren in den angestammten Maßeinheiten anzugeben. Die besondere Problematik der ersten Form liegt in der Verrechnung von mehreren Schadstoffen. Schulz[4] kommt deshalb zu dem Ergebnis, daß "Umweltqualitätsindizes nur eine relative Aussagekraft besitzen und keine unmittelbare Entscheidungshilfe für die Gestaltung von Maßnahmen im Umweltbereich sein können".

Einfacher ist die Erstellung von Umweltqualitätsindizes, die aus einzelnen Umweltindikatoren gebildet

---

[1] Freimann, 1989, S. 170
[2] vgl. Mierheim, 1986, S. 20
[3] vgl. Schulz, 1989a, S. 69
[4] ebenda, S. 69

werden. Mit ihrer Hilfe könnte die Entwicklung des Umweltzustandes deutlich gemacht werden.[1] Die bekanntesten Beispiele für Umweltindikatoren sind in Gesetzen und Verordnungen aufgeführte "Leitsubstanzen", die stellvertretend für Verunreinigungsbereiche stehen, wie z.B. SO_2, NO, CO für den Bereich Luftverunreinigung.

b) Probleme der Informationsgewinnungsverfahren

Insgesamt bleibt festzuhalten, daß auch derartige Informationsinstrumente das Problem der Unsicherheit des Informationsstandes der Unternehmung hinsichtlich der eigenen Emissionssituation nicht beseitigen können. Denn was bereits für die Umweltpolitik des Staates ausgeführt wurde gilt analog für die Unternehmung. Ein erstes Problem ist in dem noch sehr begrenzten und unvollständigen Wissensstand in Forschung und Praxis über die schädliche Wirkung von Stoffen und Stoffkombinationen zu sehen.[2] Es werden somit von der Unternehmung nur die Stoffe in der Belastungsrechnung berücksichtigt, die bereits als Schadstoffe bekannt sind.

Auch das Phänomen der Synergieeffekte führt zu Erfassungsschwierigkeiten der Unternehmung hinsichtlich ihrer eigenen Emissionssituation. Synergieefekte können dazu führen, daß die Belastungswirkung mehrerer Stoffe gemeinsam größer ist als die Summe der Belastungswirkungen der einzelnen Stoffe isoliert betrachtet. Auch können Stoffe, die für sich alleine gar keine Schäden hervorrufen, durch das Zusammenwirken mit anderen Stoffen, die für sich genommen ebenfalls keine Schäden verursachen, zu Schädigungen führen. Die Unkenntnis derartiger Synergieeffekte kann eine weitere Ursache dafür sein, daß die Unternehmung ihre Emissionssituation nur unvollständig erfasst.

---

[1] vgl. Mierheim, 1986, S. 21
[2] vgl. Görg, 1981, S. 135

Auch die Erfassung der zusätzlichen Emissionen, die bei der Tätigung einer Umweltschutzinvestition auftreten können, bereitet erhebliche Schwierigkeiten. Diese können leicht übersehen werden, da sie z.B. andere Umweltmedien betreffen als diejenigen, welche mit Hilfe der Umweltschutzinvestition entlastet werden sollen.[1] Weitere Ursachen für die Vernachlässigung der zusätzlichen Emissionen können darin bestehen, daß diese Emissionen andere Umweltbelastungsarten betreffen, oder die Belastungen erst mit zeitlicher Verzögerung auftreten.[2]

Es ergibt sich also, daß der Informationsstand der Unternehmung über die Determinanten von Umweltschutzinvestitionen höchst unvollkommen ist. Und dies sowohl bedingt durch unternehmungsexterne Ursachen, v.a. der unsicheren Situation des Staates beim Erlass von Grenzwerten, als auch durch unternehmungsinterne Umstände, in erster Linie durch den unvollkommenen Informationsstand der Unternehmung bzgl. der eigenen Emissionssituation.

---

[1] so z.B. die Belastung des Umweltmediums Luft zu Lasten des Umweltmediums Boden im Falle von Luftbelastungen bei Abfallverbrennungsanlagen
[2] vgl. Roth, 1992, S. 179

C. Bewertungsmodelle als Entscheidungshilfen bei Umweltschutzinvestitionen

I. Zahlungsorientierte Modelle

1. Bei defensiver Strategie

a) Klassische Investitionsrechnungen

Sofern die Unternehmung eine defensive Strategie verfolgt, passt sie sich lediglich bereits erfolgter Vorgaben durch den Staat an. Die Investitionsentscheidung der Unternehmung erfolgt also bei direkt wirkenden umweltpolitischen Instrumenten unter einem eingeschränkten Aktionsspielraum insofern, als gewisse Handlungsalternativen bereits in der zweiten Phase des Entscheidungsfindungsprozesses eliminiert werden. Bei indirekt wirkenden umweltpolitischen Instrumenten des Staates wird die Investitionsentscheidung dergestalt beeinflußt, daß die mit den verschiedenen Alternativen anfallenden Belastungen durch Abgaben bzw. Entlastungen aus Subventionen für die einzelnen Alternativen ganz unterschiedlich ausfallen und damit die Vorteilhaftigkeitsüberlegungen dementsprechend beeinflussen können.

Statische Investitionsrechnungen sind dadurch gekennzeichnet, daß sie den zeitlichen Anfall von Ein- und Auszahlungen nicht berücksichtigen. Sie gehen überdies nicht von den tatsächlichen Investitionsauszahlungen und -einzahlungen aus, sondern von dem durchschnittlichen Investitionsaufwand und -ertrag pro Periode. Zu den statischen Verfahren zählen die Kostenvergleichsrechnung, die Gewinnvergleichsrechnung, die Rentabilitätsrechnung und die statische Amortisationsrechnung. Da sie die zeitliche Verteilung der Zahlungsströme vernachlässigen, diese zeitliche Verteilung jedoch gerade von besonderer Bedeutung für die positiven Erfolgswirkungen der Finanzhilfen des Staates sind,

sind sie zur Beurteilung von Umweltschutzinvestitionen nicht geeignet.[1]

Die dynamischen Investitionsrechnungen hingegen berücksichtigen den zeitlichen Anfall der Ein- und Auszahlungen mit Hilfe der Zinseszinsrechnung. Zu den dynamischen Verfahren zählen die Kapitalwertmethode, die Annuitätenmethode, die Methode des internen Zinsfußes und die dynamische Amortisationsrechnung. Im folgenden wird nur auf die Kapitalwertmethode eingegangen. Dies deshalb, weil Kapitalwertmethode, Interne-Zinsfuß-Methode und Annuitätenmethode prinzipiell analoge Aussagen treffen[2] und überdies die Anwendbarkeit der Interne-Zinsfuß-Methode zur Beurteilung von Umweltschutzinvestitionen stark eingeschränkt ist[3].

Bei der Kapitalwertmethode wird der Kapitalwert (oft auch als Barwert bezeichnet) einer Investition ermittelt, der als Vorteilhaftigkeitskriterium dient.[4] Der Kapitalwert einer Investition im Zeitpunkt t=0 ist der "Barwert ihrer Rückflüsse zuzüglich dem Wert ihres Liquidationserlöses abzüglich dem Barwert ihrer Investitionsausgaben"[5]. Die Barwerte werden durch Ab- bzw. Aufdiskontierung der Zahlungsströme auf einen einheitlichen Bezugszeitpunkt ermittelt:

$$C_0 = -a_0 + (e_1 - a_1)*q^{-1} + ... + (e_n - a_n)*q^{-n} + L_n*q^{-n}$$

Komprimiert läßt sich die Formel auch schreiben als

---

[1] vgl. Mooren u.a., 1991, S. 273
[2] vgl. Schmidt, 1984, S. 110 f.
[3] zur generellen Problematik der Anwendung der Interne-Zinsfuß-Methode vgl. Kruschwitz, 1990, S. 85 ff.; zur Anwendbarkeit bei der Beurteilung von Umweltschutzinvestitionen vgl. Schneider, 1977, S. 15; oder auch Mooren u.a., 1991, S. 273
[4] bei der Beurteilung einer einzelnen Investition gilt, daß sie vorteilhaft ist, wenn der Kapitalwert>0 ist; beim Vergleich mehrerer Investitionsalternativen gilt diejenige mit dem größten Kapitalwert als die vorteilhafteste. Im Falle von Investitionsalternativen mit negativen Kapitalwerten, wie er beim Vergleich von Umweltschutzinvestitionen durchaus üblich ist, ist nach der Kapitalwertmethode diejenige mit dem geringsten absoluten Kapitalwert zu wählen
[5] Blohm/Lüder, 1991, S. 58

$$C_0 = -a_0 + \sum_{t=1}^{n} c_t * q^t$$

wobei
C_0 = Kapitalwert
a_0 = Anschaffungsausgaben
$e_{1...n}$ = Einnahmen der Perioden 1...n
$a_{1...n}$ = Ausgaben der Perioden 1...n
q = 1 + Kalkulationszinsfuß
$c_{1...n}$ = e_1-a_1, e_2-a_2,...,$e_n-a_n+L_n$
L_n = Liqidationserlös

Die zu berücksichtigenden Einnahmen und Ausgaben, als ausschließlich durch die Investition verursachte Größen, lassen sich auf dem Wege einer Differenzbetrachtung gegenüber der Situation vor Durchführung der Investition ermitteln. So muß etwa die durch die Investition in eine Abwasserreinigungsanlage entfallende Abwasserabgabe als Einnahme dieser Investition verbucht werden.

Um die Wirkungsweise von Subventionen des Staates für Umweltschutzinvestitionen zu verdeutlichen und um aufzuzeigen, daß diese durch die Kapitalwertmethode berücksichtigt werden können, bietet sich eine erweiterte Darstellungsform der Formel für den Kapitalwert an:

$$C_0 = -a_0 + [\sum_{t=1}^{n}(c_t - s*(c_t - D_t))*q_s^{-t}] + a_0 * q_s^{-\bar{t}} * f^L + a_0 * q_s^{-\bar{t}} * f^s$$

wobei:
c_t = $e_t - a_t$
s = Ertragssteuersatz
D_t = Abschreibungsbetrag in Periode t
q_s = Zinssatz nach Steuern
$\bar{t}$ = Zeitpunkt zu dem die Fördermittel gezahlt werden
f^L = Fördersätze für Investitionszulagen
f^s = Fördersätze für Investitionszuschüsse

Die Möglichkeit, der Sonderabschreibung finden im ersten Teil der Formel Berücksichtigung. Erhöhte Abschreibungen führen zunächst dazu, daß sich die Steuerzahlung vermindert. Die gesamte Steuerbelastung der Investition bleibt bei konstantem Grenzsteuersatz nominell gesehen jedoch gleich, da höhere Abschreibungen zu Beginn einer Investition, zu geringeren Abschreibungen am Ende der Investitionsperiode und damit zu höheren Steuerzahlungen führen. Erst durch die Berücksichtigung der Zinseszinsrechnung bedeutet die Verschiebung der Steuerzahlung in spätere Perioden eine geringere Belastung. Wie aus der Formel deutlich wird, ist die Höhe dieses Zinsvorteils abhängig vom Gewinnsteuersatz, dem Abschreibungssatz, der Abschreibungsdauer und dem Kalkulationszinsfuß.

Der Gewinnsteuersatz wirkt auf zwei gegenläufige Arten auf den Zinsvorteil. Zum einen wirkt eine Erhöhung des Gewinnsteuersatzes positiv auf den Zinsvorteil, da höhere Steuersätze höhere Steuerzahlungen bedeuten, die in zukünftige Perioden verschoben werden. Zum anderen steckt der Gewinnsteuersatz auch im Kalkulationszins nach Steuern, da

$$q_s = 1 + i_s$$
und
$$i_s = i * (1-s)$$

Hier bewirkt der höhere Gewinnsteuersatz, daß sich der Zinssatz, mit dem die späteren Steuerzahlungen abgezinst werden, verringert. Insgesamt kann gezeigt werden[1], daß zunächst die Steuervergünstigung mit steigendem Steuersatz zunimmt, um dann ab einem bestimmten Steuersatz wieder zurückzugehen.

Je größer der Abschreibungssatz der gewährten Sonderabschreibung ist, desto größer fällt auch der

---

[1] zum Beweis vgl. Lange, 1978, S.87 ff.

Zinsvorteil für die Unternehmung aus. Auch die Erhöhung der Abschreibungsdauer wirkt sich positiv auf den Zinsvorteil aus, da mit größerer Abschreibungsdauer der Zeitpunkt der Steuerzahlung noch weiter in die Zukunft verschoben wird, und damit der Abzinsungseffekt stärker wirkt.

Die Höhe des Kalkulationszinsfuß ist ebenfalls positiv mit dem Zinsvorteil der Unternehmung korreliert. Ein höherer Kalkulationszinsfuß bewirkt, daß spätere Zahlungen, i.d.F. also die spätere Steuerzahlung, real immer weniger ins Gewicht fallen, und damit der Zinsvorteil für die Unternehmung durch die Verminderung der Steuerzahlung in früheren Jahren größer wird.

Im zweiten Teil der Formel finden als weitere Einnahmenströme bei Umweltschutzinvestitionen Investitionszulagen und Investitionszuschüsse ihren Niederschlag. Investitionszulagen werden, da steuerfrei, mit dem normalen Zinssatz abgezinst und Investitionszuschüsse, da steuerpflichtig, mit dem um die Steuerwirkung bereinigten Zinssatz. Die Förderwirkung, und damit die Auswirkung auf den Kapitalwert, ist abhängig von dem förderfähigen Investitionsbetrag a_0, dem effektiven Fördersatz f und dem Zeitpunkt, zu dem die Fördermittel ausgezahlt werden ($\bar{t}$). Der Kapitalwert steigt je höher a_0, je höher f und je früher die Fördermittel ausgezahlt werden (je kleiner $\bar{t}$). Wobei der effektive Fördersatz abhängig ist von den Fördersätzen für Investitionszulagen f^L und Investitionen f^S sowie vom Gewinnsteuersatz s. Ein höherer Gewinnsteuersatz verringert den Investitionszuschuß und damit den Kapitalwert nach Berücksichtigung der Fördermittel des Staates.

Wie gezeigt wurde sind die klassischen Investitionsrechnungen in der Lage, Subventionen für Umweltschutzmaßnahmen zu berücksichtigen. Analog gilt dies auch für durch den Staat aus Umweltschutzgründen erlassene Abgaben, und damit generell für die ökonomischen Anreizmechanismen als indirekt die Unternehmungsentscheidung beeinflußendes umweltpolitisches Instrumentarium des Staates.[1] Insgesamt bleibt jedoch festzuhalten, daß die klassischen Investitionsrechnungen nur sehr bedingt, vorwiegend bei defensivem Verhalten der Unternehmung, zur Beurteilung von Umweltschutzinvestitionen geeignet sind. Werden Umweltschutzkriterien für die Entscheidungsfindung der Unternehmung maßgeblich, wobei die Ursache dafür sowohl direkt wirkende Instrumente des Staates als auch eine offensive Strategie der Unternehmung sein kann, so reichen die klassischen Investitionsrechnungen alleine nicht mehr als Entscheidungshilfe aus.

b) Beispiel aus der Luftreinhaltung

Die Verwendung der Kapitalwertmethode zur Beurteilung von Umweltschutzinvestitionen soll beispielhaft an zwei Luftreinhalteanlagen, die der Vernichtung des bei der Produktion von Salpetersäure anfallenden Stickoxids dienen, dargestellt werden.[2] Mit beiden Anlagen können die gesetzlichen Grenzwerte eingehalten werden. Während jedoch Alternative A mit einer nicht-selektiven katalytischen Abgasreinigung arbeitet, erfolgt bei Alternative B eine selektive katalytische Abgasreinigung. Die beiden Alternativen weisen folgende Zahlungsreihen auf:

---

[1] vgl. dazu B.II.1.ba)
[2] die Daten stammen von bereits vorhandenen Luftreinhalteanlagen der BASF Antwerpen; vgl. dazu und v.a. auch zu den chemischen Grundlagen der Salpetersäureerzeugung und der Abgasreinigung Metzger, 1987, S. 173 ff.

Periode	Anlage A		Anlage B	
	Einnahmen e_t	Ausgaben a_t	Einnahmen e_t	Ausgaben a_t
t_0		2 850 000		2 390 000
t_1	4 788 000	456 800	472 000	1 618 000
t_2	4 788 000	56 800	472 000	1 618 000
t_3	4 788 000	456 800	472 000	1 618 000
t_4	4 788 000	56 800	472 000	1 618 000
t_5	4 788 000	456 800	472 000	1 618 000
t_6	4 788 000	56 800	472 000	1 618 000
.	.	.	.	.
.	.	.	.	.
t_{15}	4 788 000	456 800	472 000	1 618 000

Tab.3 : Daten zweier Anlagen zur Luftreinhaltung

Im Falle von Luftreinhalteanlagen werden keine Investitionszulagen oder Investitionszuschüsse gewährt. Es soll jedoch davon ausgegangen werden, daß die Unternehmung §7d EStG voll in Anspruch nimmt. Sie schreibt also die jeweilige Anlage in fünf Jahren ab, und zwar in Form von 60% im ersten Jahr sowie jeweils weiterer 10% in den Folgejahren. Der Kalkulationszinsfuß, mit dem die Unternehmung arbeitet, beträgt 5%. Außerdem soll davon ausgegangen werden, daß die Unternehmung in anderen Bereichen genügend Gewinne erzielt, so daß die Abschreibungen sowie Ausgaben tatsächlich zur Verminderung des steuerpflichtigen Gewinns führen. Der Steuersatz dem die Gewinne der Unternehmung unterliegen beträgt 50%.

Nach der oben dargelegten erweiterten Formel der Kapitalwertmethode erhält man folgendes Ergebnis[1]:

für die Alternative A: C_A = 180 527
und für die Alternative B: C_B = -8 344 174

Somit wäre also Alternative A der Alternative B eindeutig vorzuziehen.

2. Erweiterung der klassischen Investitionsrechnung bei offensiver Strategie der Unternehmung
a) Möglichkeiten der Berücksichtigung der Unsicherheit

Wie bereits ausgeführt wurde, ist die Entscheidung über Umweltschutzinvestitionen von großer Unsicherheit geprägt. Dadurch bedingt erscheint auch die Möglichkeit und der Umfang, in dem Bewertungsmodelle die Unsicherheit berücksichtigen können, ein wichtiges Kriterium zur Beurteilung der Frage, ob diese bei der Entscheidung über Umweltschutzinvestitionen als Entscheidungshilfe dienen können. In der Literatur[2] werden v.a. Sensitivitätsanalysen, Risikoanalysen und das Entscheidungsbaumverfahren zur Bewältigung der Unsicherheit, unter der die Investitionsentscheidungen zu treffen sind, genannt. Während mit der Risikoanalyse eine Wahrscheinlichkeitsverteilung für das Investitions-Entscheidungskriterium ermittelt werden soll, wird mit Hilfe des Entscheidungsbaumverfahrens versucht, den Erwartungswert bspw. des Kapitalwerts zu maximieren unter der Annahme, daß eine Investitionsentscheidung eine Vielzahl alternativer Entscheidungsfolgen und damit verbunden auch von Folgeentscheidungen hat. Beide Verfahren können auch für die Berücksichtigung der Unsicherheit von Umweltschutzinvestitionen eingesetzt werden. Im folgenden soll jedoch nur auf die Sensitivi-

---

[1] zur ausführlichen Rechnung vgl. Anhang 1
[2] vgl. Blohm/Lüder, 1991, S. 218

tätsanalyse näher eingegangen und deren Vorgehensweise anhand des vorgestellten Beispiels verdeutlicht werden.

Grundsätzlich können Sensitivitätsanalysen, die die Investitionsrechnung ergänzen, zur Beantwortung folgender Fragestellungen eingesetzt werden[1]:
   a) Wie weit darf der Wert einer oder mehrerer Inputgrößen vom ursprünglichen Wertansatz abweichen, ohne daß die Outputgröße einen vorgegebenen Wert über- oder unterschreitet? (dieses Verfahren wird auch als das "Verfahren der kritischen Werte" bezeichnet)
   b) Wie ändert sich der Wert der Outputgröße bei vorgegebener Abweichung einer oder mehrer Inputgrößen vom ursprünglichen Wertansatz?

Wie in Abschn. B.III.1.ba) festgestellt wurde, resultiert die Unsicherheit der Unternehmung bei der Entscheidung über Umweltschutzinvestitionen zu einem maßgeblichen Teil aus der Unsicherheit bezüglich der zukünftigen Umweltschutzgesetzgebung. So soll auch hier im Rahmen der Fragestellung b) für das an anderer Stelle bereits vorgestellte Beispiel untersucht werden, wie sensitiv die Kapitalwerte der beiden Alternativen auf die Beseitigung der Abschreibungsvergünstigung des §7d EStG reagieren. Es wird davon ausgegangen, daß die Unternehmung in diesem Fall die Anlagen linear in 15 Jahren abschreibt.

Unter diesen veränderten Umständen ergeben sich für die beiden Alternativen folgende Kapitalwerte[2]:

$C'_A = 5\ 153$

$C'_B = -8\ 497\ 763$

An der Überlegenheit der Alternative A gegenüber der Alternative B ändert sich somit nichts. Es wird jedoch deutlich, daß bereits eine geringe Verringerung der

---

[1] vgl. Blohm/Lüder, 1991, S. 221
[2] die ausführliche Darstellung der Rechnung erfolgt im Anhang 2

Einnahmen von Alternative A dazu führen kann, daß deren Kapitalwert negativ wird.

b) Möglichkeiten der monetären Bewertung des Nutzens von Umweltschutzinvestitionen

Sollen ökologische Kriterien über die internalisierten sozialen Kosten hinaus bei der Entscheidungsfindung berücksichtigt werden[1], so kann dies innerhalb der vorgestellten klassischen Investitionsrechnungen nur geschehen, wenn diese monetär bewertbar sind.[2] Konkret müssen also die Nutzen von Umweltschutzinvestitionen in Form von vermiedenen Sozialkosten in Geldeinheiten ausdrückbar sein, damit eine Beurteilung mit Hilfe der klassischen Investitionsrechnung möglich ist.[3] Einige der in der Literatur vorgeschlagenen Konzepte zur Monetarisierung der Sozialkosten sollen im folgenden vorgestellt werden.[4] Für die Betriebswirtschaftslehre stand hierbei bisher die Frage im Vordergrund, ob soziale Kosten im einzelwirtschaftlichen Kostenbegriff berücksichtigt werden können. Ausdrücklich bejaht wird diese Frage von Heinen und Picot[5], wenn sie schreiben: "Jeder der drei Kostenbegriffe (pagatorische von Koch, von Riebel und der wertmäßige) kann im Rahmen von Planungsrechnungen soziale Kosten berücksichtigen, wenn Datenänderungen im Rechtssystem zum Zwecke der Internalisierung von sozialen Kostenarten erwartet werden; darüber hinaus erlaubt der wertmäßige Kostenbegriff im Rahmen der kalkulatorischen Zusatzkosten und in Abhängigkeit von den jeweils ver-

---

[1] zu den Gründen hierfür siehe Abschn.B.II.3.a)
[2] vgl. Metzger, 1987, S. 36; Picot, 1977, S. 178
[3] für den Einbezug externer Effekte in das betriebliche Rechnungswesen tritt z.B. Albach ein, vgl. Albach, 1988, S. 1156 ff.
[4] da alle diese Methoden in der Volkswirtschaftslehre entwickelt wurden, stehen bei ihnen ursprünglich weniger die unternehmungsinduzierten Belastungen im Vordergrund des Interesses, sondern vielmehr die der Gesamtwirtschaft zugefügten Umweltschäden
[5] Heinen/Picot, 1974, S. 364

folgten Zielsetzungen die Einbeziehung sozialer Kosten in die Kostenrechnung insgesamt".

Grundsätzlich unterschieden werden können die Ansätze danach, ob sie die Nachfrage der Konsumenten nach sauberer Umwelt direkt aus deren Nutzenvorstellungen ableiten, oder ob sie diese Nachfrage indirekt mit Hilfe der Beobachtung der Verhaltensänderung der Wirtschaftssubjekte (wie etwa Ausweich-, Reparatur- und Vermeidungsaktivitäten) bzw. der Beobachtung von Marktdatenänderungen (z.B. Preisänderungen von Grundstücken in Folge von Anpassungen der Käufer) feststellen.[1]

ba) Die Befragung der Betroffenen als direkter Bewertungsansatz

Die Befragung nach der maximalen Zahlungsbereitschaft der Individuen für eine Verbesserung der Umweltqualität bzw. nach der Bereitschaft, eine Verschlechterung der Umweltqualität in Kauf zu nehmen, ist ein Konzept, das ursprünglich zur Untersuchung der Frage, welchen Geldbetrag die Konsumenten für die Nutzung eines öffentlichen Gutes zu zahlen bereit sind[2], entwickelt wurde. Zur Bewertung von Umweltschäden werden die betroffenen Individuen nach ihrer Einschätzung der Schadenshöhe befragt.[3] Um diese Einschätzung zu ermitteln, werden zwei grundsätzlich verschiedene -von der Wohlfahrtstheorie beide als zulässig angesehene- Befragungsansätze vorgeschlagen[4]:

(1) der willingness-to-pay Ansatz: hier lautet die Fragestellung, welchen Geldbetrag die Betroffenen für die Verbesserung bzw. für die Verhinderung einer Verschlechterung der Umweltqualität zu zahlen bereit wären.

---

[1] vgl. Schulz, 1989a, S. 56
[2] vgl. Hansmeyer, 1974, S. 111; Wehner, 1976, S. 64
[3] vgl. Endres/Holm, 1988, S. 52 f.; Wiese, 1986, S. 81 ff.
[4] vgl. Schulz, 1989a, S. 57

(2) der willingnes-to-sell Ansatz: hier lautet die Fragestellung, welcher Geldbetrag an die Betroffenen gezahlt werden muß, damit sie bereit sind, auf eine Verbesserung der Umweltqualität zu verzichten bzw. welcher Betrag an sie gezahlt werden muß, damit sie eine Verschlechterung der Umweltqualität in Kauf nehmen.

Gegen das Zahlungsbereitschaftskonzept lassen sich eine ganze Reihe an Einwänden anführen. Ein erstes Problem ergibt sich bei der Entscheidung, ob der willingness-to-pay oder der willingness-to-sell Ansatz gewählt werden soll[1]. Wie bereits erwähnt wurde, werden von der Wohlfahrtstheorie beide Ansätze als zulässig erachtet. Problematisch ist dies, da beide Ansätze bei ein- und derselben Belastungssituation zu höchst unterschiedlichen Ergebnissen führen können. I.d.R. sind die Konsumenten nämlich nur für ein Vielfaches ihrer Zahlungsbereitschaft bereit, sich ihre Nutzungsmöglichkeiten an Umweltgütern abkaufen zu lassen. So ergaben Studien, daß der monetäre Wert einer bestimmten Umweltqualität bei der Befragung nach der Verkaufsbereitschaft fünf-[2]bis zehnmal[3] so hoch sein kann als bei der Befragung nach der Zahlungsbereitschaft.

Als weiterer Einwand ist die Informationsproblematik zu nennen. Diese besteht darin, daß der Einzelne nur sehr unvollständig über den Zusammenhang von externen Effekten und deren Konsequenzen für die eigene Situation informiert ist. Der Informationsstand wird von Person zu Person, auch abhängig vom Bildungsniveau[4], unterschiedlich sein. Dies kann dazu führen, daß die Schadenswirkung identischer externer Effekte von verschiedenen Personen höchst unterschiedlich eingeschätzt wird. Dieser Effekt tritt nur dann nicht auf,

---

[1] vgl. Metzger, 1987, S. 210
[2] vgl. Ewers/Schulz, 1982, S. 17
[3] vgl. Sinden/Worrell, 1979
[4] vgl. Metzger, 1987, S. 93; Roth, 1992, S. 209

wenn die betroffenen Individuen über vollkommene Information verfügen.[1] Eine Annahme, die für den Bereich der Betriebswirtschaftslehre inakzeptabel erscheint.

Eine Schwierigkeit des Zahlungsbereitschaftsansatzes ist auch, daß die Befragten sich strategisch verhalten und ihre Antworten bewußt verzerren können. So werden die Befragten ihre Zahlungsbereitschaft sehr hoch ansetzen, wenn sie davon ausgehen können, daß sie später niemals zu Zahlungen herangezogen werden. Andererseits werden sie ihre Zahlungsbereitschaft sehr gering ansetzen, wenn sie befürchten, daß ihre Aussage zu der Festlegung einer tatsächlich von ihnen zu leistenden Zahlung führt. Die Ursache hierfür ist darin zu sehen, daß es sich bei der Umwelt um ein öffentliches Gut handelt.[2] Ein öffentliches Gut ist dadurch gekennzeichnet, daß zum einen der Konsum dieses Gutes eines Individuums A nicht zur Beeinträchtigung des Konsums des Gutes durch ein anderes Individuum B führt (Nicht-Rivalität des Konsums) und zum anderen niemand vom Konsum dieses Gutes ausgeschlossen werden kann (Prinzip der Nichtausschließbarkeit). Diese Umstände führen zu dem sogenannten Trittbrettfahrerproblem und damit dem oben angesprochenen strategischen Verhalten der betroffenen Individuen. Denn selbst wenn diese eine Zahlungsbereitschaft von Null für die Verbesserung der Umweltqualität signalisieren, können sie von einer trotzdem beschlossenen Verbesserung der Umweltqualität nicht ausgeschlossen werden.[3] Um die Aussagekraft des Zahlungsbereitschaftsansatzes zu gewährleisten, müssen die durch das strategische Verhalten der Befragten verursachten Verzerrungen der Ergebnisse so weit als möglich ausgeschlossen werden.[4]

---

[1] vgl. Metzger, 1987, S. 94
[2] vgl. Görg, 1981, S. 142
[3] vgl. Wohlgemuth, 1975, S. 101; vgl. auch Siebert, 1973, S. 107 f.
[4] vgl. Siebert, 1978, S. 72

Ein vierter Einwand bezieht sich auf die Abhängigkeit der Zahlungsbereitschaft von dem Vermögen und Einkommen der Befragten.[1] Einerseits ist es durchaus denkbar, daß der Sozialhilfeempfänger mit der Zahlungsbereitschaft von 10 DM den gleichen Nutzen einer Verbesserung der Umweltqualität verbindet wie ein Bezieher eines höheren Einkommens mit der Zahlungsbereitschaft von 1000 DM. Andererseits können die Möglichkeiten von Beziehern höherer Einkommen einer schlechten Umweltqualität auszuweichen (z.B. Zweitwohnung, Verreisen) dazu führen, daß deren Zahlungsbereitschaft sinkt.[2]

Selbst wenn die angesprochenen Bewertungsprobleme gelöst werden könnten, verbleibt als wesentliches Problem noch die Frage nach der empirischen Realisierung des Konzeptes.[3] Hierbei geht es v.a. um die Frage, welche Personen zu befragen sind. Um den Nutzen einer Umweltschutzinvestition zu ermitteln, müssen im Grunde alle Nutznießer dieser Investition nach ihrer Zahlungsbereitschaft befragt werden. Wenn man jedoch bedenkt, daß die Umweltwirkungen unternehmerischer Tätigkeit in vielen Fällen nicht lokal oder regional begrenzt sind, sondern sogar global wirken, werden die Schwierigkeiten offensichtlich, die sich bei der Bestimmung des Kreises der Betroffenen ergeben.

bb) Indirekte Bewertungsansätze

bba) Schadensvermeidungs- und -beseitigungskostenansatz

Schadensvermeidungskosten sind die Kosten, die auf Maßnahmen zurückzuführen sind, die darauf abzielen, Umweltschäden erst gar nicht entstehen zu lassen, wie z.B. Kosten für den Einbau von Filtern oder Kläranlagen oder auch für Maßnahmen zum Schutz vor Lärm und Er-

---

[1] vgl. Ewers/Schulz, 1982, S. 15 ff.
[2] vgl. Metzger, 1987, S. 97 f.
[3] vgl. Görg, 1981, S. 143

schütterungen. Beseitigungskosten hingegen sind die Kosten, die für die Reduzierung bzw. Beseitigung vorhandener Schäden anfallen, z.B. luftverschmutzungsbedingte Kosten für die Reinigung, Instandhaltung und Reparatur von Gebäuden, Kosten für die Aufbereitung von verschmutzem Wasser etc..[1] Beim Schadensvermeidungs- und -beseitigungskostenansatz wird davon ausgegangen, daß die Höhe dieser Kosten den gesellschaftlichen Wert des Umweltschutzes wiedergeben. Von einer höheren Einschätzung des Umweltschutzes durch die Gesellschaft geht der Rat von Sachverständigen für Umweltfragen aus, wenn er schreibt[2]: "Mit Blick auf die meßbaren Umweltschäden und die von der Bevölkerung gewünschte Umweltqualität kann man sicherlich davon ausgehen, daß die erfolgten Aufwendungen für den Umweltschutz in den meisten Fällen als niedriger eingeschätzt werden können als die gemessenen oder geschätzten Kosten der Umweltbelastung, die aufgrund der Umweltschutzmaßnahmen vermieden worden sind".

Als Anhaltspunkt derartiger Kosten können die Angaben des Statistischen Bundesamtes dienen, das auf Basis des Gesetzes über Umweltstatistiken seit 1975 jährlich die Höhe der Umweltschutzinvestitionen ermittelt.[3]

Auch gegen dieses Verfahren lassen sich einige Einwände anführen. Zum einen die allgemeinen Probleme der Erfassung der Vermeidungs- und -beseitigungskosten. So ist es angesichts der Vielzahl von Anpassungs-, Rationalisierungs- und Erweiterungsinvestitionen mit Umwelteffekten äußerst schwierig, den dem Umweltschutz dienenden Teil dieser Investitionen zu ermitteln. Außerdem werden die im Vergleich zu den Umweltschutzinvestitionsausgaben zu ermittelnden laufenden Ausgaben bisher noch nicht systematisch erfaßt.

---

[1] vgl. Metzger, 1987, S. 199
[2] SRU, 1987, Tz.229
[3] vgl. Tab.2 dieser Arbeit

Zum anderen stellt die Höhe der heutigen Vermeidungs- und Beseitigungskosten keineswegs eine für die Zukunft feste Größe dar. Sie ist vielmehr abhängig von der gewünschten Umweltqualität und damit von den Forderungen und Interessen der von den Umweltbeeinträchtigungen Betroffenen.[1] Damit ergeben sich für die Unternehmung vergleichbare Probleme wie die bereits für das Zahlungsbereitschaftskonzept angesprochenen.

bbb) Ermittlung der Schadenskosten

Schadenskosten fallen immer dann an, wenn Umweltbelastungen nicht an ihrer Quelle verhindert und nach ihrem Entstehen nicht oder in zu geringem Maße reduziert werden. Da es unmöglich ist, alle durch die Umweltbelastungen verursachten Schäden zu erfassen, beschränken sich die einzelnen Ansätze meist auf eine Größe, von der sie annehmen, daß sie repräsentativ für die gesamte Entwicklung der Schadenskosten ist. Im folgenden sollen als Beispiele derartiger Ansätze die Analyse der Veränderung der Immobilienpreise durch die Umweltbelastung und die Ermittlung der durch diese verursachten Gesundheitsschäden vorgestellt werden.

Bei der Erfassung von Wertminderungen von Immobilien wird versucht, Umweltschäden über Preisveränderungen von Grundstücken und Gebäuden zu bewerten.[2] Die Idee, die dahinter steckt, ist, daß übermäßige Umweltverschmutzungen in einzelnen Regionen zur Abwanderung von Anwohnern in weniger betroffene Gebiete führt, und daß überdies der Erhaltungsaufwand der der Umweltverschmutzung ausgesetzten Gebäude für die verbleibenden Anwohner steigt. Daher führen steigende Instandhaltungs- und Reinigungskosten sowie sinkende Miet- bzw. Pachteinnahmen und eine abnehmende Zahl von Immobilienkäufen bei gleichzeitig steigender Anzahl an Immobi-

---

[1] vgl. Görg, 1981, S. 148
[2] zu diesem Ansatz vgl. etwa Siebert, 1975, S. 130; Frey, 1980, S. 53; Schmidt, 1985, S. 247; Wicke, 1986, S. 115 ff.

lienangeboten zum Fallen der Immobilienpreise.[1] Der Nutzen von Umweltschutzinvestitionen ergibt sich dann aus der Vermeidung des Fallens der Immobilienpreise bzw. gar der Steigerung der Immobilienpreise.

Allerdings lassen sich auch gegen dieses Verfahren eine Reihe von Einwänden erheben. Zunächst ist das kaum zu lösende Problem zu nennen, den Einfluß von Umweltverschmutzungen auf die Immobilienpreisentwicklung von anderen diesen Preis bestimmenden Faktoren zu isolieren.[2] Auch ist keineswegs sichergestellt, ob sich Umweltschäden überhaupt im Preis der Immobilien niederschlagen. Einerseits gibt es für das einzelne Individuum nicht wahrnehmbare Giftstoffe, bspw. Kohlenmonoxid, andererseits werden Gebäude und Grundstücke nur sehr selten verkauft, so daß i.d.R. keine Marktpreise vorliegen. Und Näherungswerte wie z.B. Einheitswerte sind nur bedingt aussagekräftig, da sie selten angepaßt werden und überdies meist steuer- und gesellschaftspolitisch manipuliert sind.[3]

Bei der Bewertung anhand von Gesundheitsschäden muß zunächst auf einer naturwissenschaftlichen Ebene die Frage der auf Umweltschäden zurückzuführenden Gesundheitsschäden beantwortet werden; erst dann können quasi auf einer zweiten Ebene diese Gesundheitsschäden geldmäßig bewertet werden.[4] Der Nutzen einer Umweltschutzinvesition ergibt sich dann als der monetäre Wert der durch sie vermiedenen Gesundheitsschäden.

Bei der Ermittlung der krankheitsbedingten Kosten werden zwei Kostenkategorien unterschieden:
- einerseits die Kosten der ärztlichen Behandlung, die Pflegekosten, Kosten für häusliche Betreuung

---

[1] vgl. Endres, 1978, S. 548; Schmidt, 1985, S. 247
[2] vgl. Steiger, 1979, S. 214 ff.
[3] vgl. Metzger, 1987, S. 88
[4] vgl. Metzger, 1987, S. 62

sowie Kosten für Rehabilitationen und Frühinvalidität einschließen[1];
- andererseits die durch krankheits- und todesbedingten Ausfall an Arbeitspotential entstehenden Kosten.

Auch gegen dieses Konzept gibt es eine Reihe von Einwänden. So ist einerseits die von den Naturwissenschaften zu lösende Frage, welche Schadstoffe zu welchen Gesundheitsschäden führen, als ungelöst zu betrachten.[2] Andererseits bleiben selbst bei Kenntnis des Zusammenhangs zwischen einzelnen Schadstoffen und verschiedenen Gesundheitsschäden wesentliche Erfassungsprobleme krankheitsbedingter Kosten bestehen. So ist mit den oben angesprochenen Kostenkategorien keineswegs sichergestellt, ob alle durch Umweltschäden verursachten krankheitsbedingten Kosten erfaßt werden. Metzger[3] nennt als Beispiel hierfür Umzugskosten von Personen, die wegen Gesundheitsschäden, die durch Umweltschäden verursacht wurden, ihren Wohnort wechseln müssen. Aber auch bei den berücksichtigten Kostenkategorien gibt es erhebliche Erfassungsprobleme. Bei den Behandlungskosten ist dies auf eine relativ lückenhafte Gesundheitsstatistik zurückzuführen[4] und bei den Ausfallkosten die Schwierigkeit der Einschätzung, welches Bruttoeinkommen die betroffenen Personen ohne die Beeinträchtigung durch Umweltschäden noch erzielt hätten. Hierfür sind nicht zuletzt exakte Informationen über die künftige Entwicklung der Sterberaten und der Invalidisierungsquoten notwendig. Überdies müssen die zu erwartenden Einkommensströme, um einen Gegenwartswert zu erhalten, abgezinst werden, wodurch sich das Problem der Wahl des richtigen Zinssatzes ergibt.[5] Daß die genannten Schwierigkeiten zu wenig validen Ergeb-

---

[1] vgl. Heinz, 1988, S. 68
[2] vgl. dazu ausführlicher Metzger, 1987, S. 63 ff.
[3] vgl. Metzger, 1987, S. 69
[4] vgl. Billerbeck, 1968, S. 168
[5] vgl. Musgrave u.a., 1978, S. 212

nissen von Versuchen zur monetären Quantifizierung der durch Umweltschäden verursachten Gesundheitsschäden führen, scheinen auch die höchst unterschiedlichen Ergebnisse bisheriger Studien zu belegen. So ermittelte Ridker[1] Kosten für die durch Luftverunreinigungen bewirkten Erkrankungen der Atmungsorgane in den USA im Jahre 1958 von 1,975 Mio. Dollar, wohingegen Lave/-Seskin[2] im Jahre 1963 auf einen Wert von 4,887 Mio. Dollar kamen. Neben diesen globalen Problemen der Ermittlung eines monetären Wertes der Gesundheitsschäden besteht auf Seiten der Unternehmung das Problem, die ermittelten Gesundheitsschäden einer ganzen Nation auf die Ebene der einzelnen Unternehmung herunterzurechnen.[3]

Insgesamt bleibt festzuhalten, daß auch die Monetarisierung der durch Umweltschäden bedingten Gesundheitsschäden kein gangbarer Weg für die Unternehmung darstellt, um ökologische Kriterien in ihr Entscheidungskalkül über Umweltschutzinvestitionen mit einzubeziehen.

II. Nichtmonetäre Modelle

1. Konzept der ökologischen Buchhaltung nach Müller-Wenk

Die "ökologische Buchhaltung"[4] ein Konzept, daß von Müller-Wenk entwickelt wurde, fußt auf dem Sozialkosten-Ansatz[5]. Statt der monetären Bewertung führt Müller-Wenk jedoch eine Art "Öko-Währung" ein, mit deren Hilfe die Umwelteinwirkungen verschiedener Unternehmungen verglichen werden können. Das Grundschema der

---

[1] vgl. Ridker, 1967, S. 36 ff.
[2] vgl. Lave/Seskin, 1970, S. 723 ff.
[3] vgl. Metzger, 1987, S. 74
[4] vgl. Müller-Wenk, 1978
[5] Ziel diese Ansatzes ist es, über die gesellschaftlichen Folgewirkungen der Umweltbeziehungen der Unternehmung möglichst in monetärer Form zu berichten

Ökologischen Buchhaltung läßt sich folgendermaßen beschreiben[1]:

(1) Erfassung der Umwelteinwirkungen:
zunächst wird der Verbrauch an Ressourcen durch die Unternehmung sowie die von ihr ausgehenden Emissionen separat in ihren physikalischen Maßeinheiten (z.B. Gewicht, Volumen und Energiemenge) ermittelt[2], und auf verschiedenen Kontenklassen verbucht. Diese umfassen:
- Materialverbrauch
- Energieverbrauch
- gas- und staubförmige Abfälle
- Abwasser
- Abwärme
- Denaturalisierung des Bodens

Die Kontenklassen werden durch Einzelkonten weiter spezifiziert. So z.B. die Kontenklasse "gas-und staubförmige Abfälle" durch die Einzelkonten CO, CO_2, SO_2, HCL, Stickoxide, Schwefelwasserstoff, und unverbrannte Kohlenwasserstoffe.
Nicht berücksichtigt werden von der Ökologischen Buchhaltung Umweltbelastungen durch Lärm, Strahlung und durch Einwirkungen auf Flora und Fauna.

(2) Bestimmung von Äquivalenzkoeffizienten:
als nächstes werden die jeweiligen Einheitsmengen mit einem Gradmesser der ökologischen Knappheit der betreffenden Einwirkungsart (z.B. der Beanspruchungsgrad des Aufnahmevermögens der Umwelt bei Emissionen), dem "Äquivalenzkoeffizienten" (Aek) gewichtet. Dieser hat die

---

[1] vgl. auch das praktische Beispiel der Firma Roco Conserven im Anhang 3

[2] auch die beim Gebrauch und der Beseitigung der Fertigprodukte durch die privaten Haushalte auftretenden Umweltbelastungen werden der Unternehmung angelastet

Dimension Rechnungseinheit je physikalische Verbrauchs- bzw. Emissionsgröße.

(3) Bestimmung der vorteilhaften Alternative: der letzte Schritt besteht darin die Einwirkungsmengen mit den Äquivalenzkoeffizienten zu multiplizieren, wodurch eine einheitliche Dimension "ökologische Rechnungseinheit" entsteht. Diese Größen sind nun addier- und substrahierbar, und lassen sich zu einer Maßzahl der Gesamtwirkungen der Unternehmung auf die natürliche Umwelt aggregieren. Bei der Auswahl zwischen mehreren Alternativen ist diejenige unter ökologischen Gesichtspunkten am vorteilhaftesten, welche die geringste Anzahl ökologischer Rechnungseinheiten auf sich vereinigt.

Die Ermittlung der Äquivalenzkoeffizienten stellt den Kernpunkt der Ökologischen Buchhaltung dar. Über diese läuft letztlich die Bestimmung der Vorteilhaftigkeit der einzelnen Alternativen aus ökologischer Sicht. Dabei dient Müller-Wenk als Bewertungskriterium die ökologische Knappheit der Inputfaktoren bzw. der belasteten Umweltmedien. Diese wird bestimmt durch das Verhältnis zwischen dem ökologischen Potential und dessen tatsächlicher Nutzung[1] und kann differenziert werden in Raten- und Kumulativknappheit. Ratenknappheit liegt vor, wenn es eine Verbrauchsrate pro Zeiteinheit gibt, bei deren Unterschreitung keine relevante Verschlechterung des Zustandes der natürlichen Umwelt eintritt. Von Kumulativknappheit spricht er dagegen, wenn jeder Verbrauch, und sei er noch so gering, ein weiterer Schritt in Richtung Erschöpfung der Ressource bedeutet. Im ersten Fall errechnet sich der Äquivalenzkoeffizient gemäß der Formel:
und im zweiten Fall der Kumulativknappheit aus:
wobei:

---

[1] vgl. dazu ausführlicher Braunschweig, 1988, S. 62 ff.

$$Aek = \frac{1}{F_K - F} \times \frac{F}{F_K}, \quad 0 \leq F \leq 0,9 F_k$$

$$Aek = \frac{1}{R - n \times F} \times \frac{n \times F}{R}, \quad 0 \leq n \times F \leq 0,9 R$$

F = tatsächliche Verbrauchsrate
F_k = kritische Verbrauchs- oder Immissionsrate
R = bekannten Reserven
n = Anzahl der Jahre, für die der derzeitig bekannte Vorrat R noch reicht.

Zur Bestimmung der beiden Kategorien werden die AeK als Funktion[1] "des gegenwärtigen Ausmaßes der Summe aller Einwirkungen dieser Art innerhalb eines relevanten räumlichen Bereiches sowie des 'kritischen' Ausmaßes dieser Einwirkungen, welcher zum Übergang des entsprechenden Umweltgutes von einem akzeptablen in einen inakzeptablen Zustand führt" definiert. Für die Bestimmung kritischer Grenzen des Ausmaßes von Einwirkungen dienen als Indikatoren[2]:

- das geschätzte Vorkommen an Bodenschätzen unter den gegebenen Verhältnissen von geologischem Wissen und Stand der Technik als Grenze für die Ausbeutung derselben
- die Aufnahmekapazität von Schadstoffdeponien als Grenze für das Produzieren von deponierfähigen, ungiftigen Abfällen
- die Aufnahmekapazität von Phosphatmengen bei Gewässern als Grenze für die Belastbarkeit mit Abwässern.

An der Festlegung der Äquivalenzkoeffizienten[3] setzen die wesentlichen Kritikpunkte des Verfahrens der

---

[1] Müller-Wenk, 1978, S. 36
[2] vgl. Müller-Wenk, 1978, S. 44 ff. und S. 106 ff.
[3] großer Äquivalenzkoeffizient bedeutet eine ausgeprägte ökologische Knappheit, ein Äquivalenzkoeffizient von Null den Grenzfall der Nichtknappheit

Ökologischen Buchhaltung an. In ihnen finden sich, wie aus den oben dargestellten Definitionen ersichtlich wird, politische Bewertungen über die Größen "zulässige" bzw. "unschädliche" Belastungsgrenzen, "derzeit bekannte" weltweite Vorräte an bestimmten Rohstoffen, den räumlichen Bezugsbereich und die Zeiträume der erwünschten Nutzung von Vorräten. Daher schlägt Müller-Wenk vor, daß die Festlegung von dritter Seite, d.h. vom Staat und international anerkannten Organisationen erfolgen sollte. Außerdem müßte die Bestimmung der Äquivalenzziffern von Zeit zu Zeit überprüft und an die veränderte Situation z.B. auf den Rohstoffmärkten angepaßt werden[1].

Insgesamt muß festgehalten werden, daß bisher keine Instanz in Sicht ist, die derartige Äquivalenzkoeffizienten festlegt. Solange dies der Fall ist und die Bestimmung der Äquivalenzkoeffizienten in Händen der Unternehmung verbleibt, ist deren Manipulation durch die einzelne Unternehmung möglich und eine intersubjektive Überprüfung der Ergebnisse der Ökologischen Buchhaltung nicht möglich[2]. Insofern erscheint es auch nicht sinnvoll, daß die beiden Teilschritte 'Bewertung der Zielerfüllungsbeiträge' und 'Gewichtung der Schädlichkeit einzelner Substanzen' vermischt in einem Schritt mit Hilfe der Äquivalenzkoeffizienten erfolgt. Die hinter der Ermittlung der Äquivalenzkoeffizienten steckenden subjektiven Komponenten, wie die Auswahl der Einwirkungsarten oder die Bestimmung der Zustände, bei deren Erreichung von einem nicht mehr akzeptablen Zustand eines Umweltmediums bzw. einer Ressource gesprochen wird, werden nicht thematisiert und insgesamt wird der Eindruck erweckt, daß die Äquivalenzkoeffizienten quasi objektiv bzw. auf technisch-schematische Weise ermittelt worden seien[3]. Aus diesem Grund soll im

---

[1] zur Kritik an der Bestimmung der Äquivalenzkoeffizienten vgl. Mierheim, 1986, S. 18, der ihnen insbesondere die gewünschte Aktualität abspricht
[2] vgl. Metzger, 1987, S. 162 f.
[3] vgl. Schmidt, 1985, S. 131

folgenden ein Modell vorgestellt werden, bei dem die problematische Vermengung der beiden Teilschritte unterbleibt.

2. Ein nutzwertanalytisches Modell

a) Theorie der Nutzwertanalyse

Ein wesentlicher Mangel der bisher diskutierten Modelle war, daß sie entweder nur ökologische oder nur ökonomische Kriterien berücksichtigen. Dieser konnte auch durch die Erweiterung der ökonomischen Modelle nicht befriedigend behoben werden. Daher soll nun ein nutzwertanalytisches Verfahren dargestellt werden, welches sowohl quantifizierbare als auch nicht quantifizierbare Größen gleichzeitig berücksichtigt.

Die Nutzwertanalyse "ist die Analyse einer Menge komplexer Handlungsalternativen mit dem Zweck, die Elemente dieser Menge entsprechend den Präferenzen des Entscheidungsträgers bezüglich eines multidimensionalen Zielsystems zu ordnen. Die Abbildung dieser Ordnung erfolgt durch die Angabe der Nutzwerte."[1] Sie ist aus der Nutzen-Kosten-Analyse entwickelt worden.[2] Von der Nutzwertanalyse unterscheidet sich jene v.a. darin, daß bei ihr die Zielerfüllungsgrade der Alternativen in Geldeinheiten ausgedrückt werden. Große Bedeutung gewann die Nutzwertanalyse auf dem Gebiet der Forschung und Entwicklung insbesondere für die Planung in der Raumfahrt.[3] In Deutschland begann die Entwicklung und Anwendung der Nutzwertanalyse als Bewertungsmethode in den 70er Jahren, wobei die Beiträge Zangemeisters entscheidend zur Popularität dieses Instrumentes beitrugen.

---

[1] Zangemeister, 1971, S. 45
[2] vgl. Rürup, 1982, S. 109 f.
[3] vgl. Zangemeister, 1971, S.45

Im folgenden soll auf eine ausführliche Darstellung der zugrundeliegenden Nutzentheorie verzichtet werden.[1] Hier soll vielmehr auf die speziellen Probleme der Nutzwertanalyse im Rahmen der Bewertung von Umweltschutzinvestitionen eingegangen werden. Im allgemeinen wird Nutzwertanalysen oder Scoring-Modellen, wie sie im internationalen Sprachgebrauch bezeichnet werden, eine "den ... Anforderungen an ein Modell als praktikable Entscheidungshilfe des Managements in hohem Maße"[2] entsprechende und den Entscheidungsprozeß des Managers nachvollziehende und systematisierende Funktion bescheinigt.[3] Somit erscheint auch ihre Anwendung im Falle von Umweltschutzinvestitionen als vielversprechender Ansatz. Im diesem Fall wird der Nutzen einer Umweltschutzinvestition von der durch sie erreichten Entlastung der Umwelt bestimmt.[4]

b) Beispiel aus dem Abwasserbereich

Die Belastung der Gewässer hat sich in den letzten Jahren zu einem der gravierendsten Umweltprobleme entwickelt. Erst der in jüngster Zeit einsetzende verstärkte Bau von Kläranlagen hat zu einer gewissen Entlastung vor allem hinsichtlich der Belastung der Gewässer mit organischen Abfällen geführt.[5] Allerdings richtet sich nun das Augenmerk verstärkt auf andere die Gewässer belastende Stoffe wie halogenorganische Verbindungen, Schwermetalle und die Pflanzennährstoffe Nitrat und Phosphat.[6] Somit ist aus der Sicht der Unternehmung neben der bereits beschlossenen Erhöhung der Abwasserabgabe auch weiterhin mit einer Verschärfung der vom Staat geforderten Umweltstandards zu rechnen.

---

[1] vgl. hierzu Zangemeister, 1971, S. 89 ff.; Dreyer, 1975, S. 57 ff.; Strebel, 1975, S. 47 ff.; Wandersleb, 1985, S. 128 ff.
[2] Kreilkamp, 1987, S. 82; ähnlich Strebel, 1978, S. 2181
[3] vgl. Kotler, 1982, S. 471 ff.; Geyer, 1980, S. 421 f.
[4] vgl. Roth, 1992, S. 226; Metzger, 1987, S. 108 ff.
[5] vgl. Kunz, 1990, S. 14; er führt als Beispiel die Normalisierung der Sauerstoffkonzentration des Rheinwassers an der deutsch-niederländischen Grenze von 1946 bis 1984 an
[6] vgl. Kunz, 1990, S. 16

Die Unternehmung steht auch in diesem Bereich vor den grundsätzlichen Handlungsalternativen der Investition in integrierte Technologien oder in nachgeschaltete end-of-pipe Technologien.

Zur letzteren Kategorie ist die Errichtung einer betriebseigenen Kläranlage[1] zu zählen. Sofern die Unternehmung als Direkteinleiter ihre Abwässer in ein Gewässer einleitet, benötigt sie dafür eine wasserrechtliche Erlaubnis. Dabei gelten für die Einleitungen die Anforderungen des WHG, wonach der Grad der Abwasserreinigung und Abwasservermeidung nach den allgemein anerkannten Regeln der Technik, und sofern es sich um gefährliche[2] Stoffe handelt, nach dem Stand der Technik[3] festgelegt wird.

Die andere Handlungsalternative der Unternehmung besteht in der Investition in integrierte Technologien zur Verringerung der Abwassermenge. Zu denken ist beispielsweise an den Einbau von Kreislaufsystemen, durch die eine Mehrfachnutzung des Wassers möglich wird,[4] oder die Standzeitverlängerung von Prozeßbädern und Emulsionen wie etwa die Verlängerung der Standzeit eines Tauchbades bei der Elektrotauchlackierung durch die Zwischenschaltung einer Ultrafiltration.

---

[1] für die verbleibenden Schadstoffe muß die Unternehmung die Abwasserabgabe entrichten

[2] die Gefährlichkeitskriterien sind Giftigkeit, Langlebigkeit, Anreicherungsfähigkeit sowie die krebserzeugende, fruchtschädigende oder erbschädigende Wirkung von Stoffen

[3] da im WHG keine eigenständige Definition des Standes der Technik vorliegt, wird i.a. auf die Definition des BImschG zurückgegriffen, wo der Stand der Technik in § 3Abs.6 folgendermaßen definiert wird: "Stand der Technik ist der Entwicklungsstand fortschrittlicher Verfahren, Einrichtungen und Betriebsweisen, der die praktische Eignung einer Maßnahme zur Begrenzung von Emissionen gesichert erscheinen läßt. Bei der Bestimmung des Standes der Technik sind insbesondere vergleichbare Verfahren, Einrichtungen und Betriebsweisen heranzuziehen, die mit Erfolg im Betrieb erprobt worden sind."

[4] Kunz verweist auf ein Beispiel einer Papierfabrik, bei dem die Verdunstungsverluste durch eine Rückführung des Waschwassers ausgeglichen werden, wobei hierfür allerdings von der Unternehmung wegen der starken Aufsalzung des Prozeßwassers Frischwasserentsalzungsanlagen installiert werden müssen und außerdem der massive Einsatz von Schleimbekämpfungsmitteln erforderlich ist, vgl. Kunz, 1990, S. 46

3. Verfahrensschritte des Modells

a) Wahl des Kriteriensystems

aa) Theoretische Erläuterung

Bei der Aufstellung des Kriterienkataloges sollten möglichst folgende Anforderungen an die Kriterien erfüllt sein:
- sie sollten möglichst operational formuliert sein;
- sie sollten nicht zur Mehrfacherfassung einzelner Ausprägungen der Investitionsalternativen führen;
- die Nutzenunabhängigkeit der einzelnen Kriterien sollte gewährleistet sein.

Auf den Zielinhalt einzelner, das Umweltschutzziel der Unternehmung konkretisierender Kriterien wurde bereits in B.II.2.c) eingegangen. Dort wurde auch deutlich, daß sich die Mehrzahl der das globale Umweltschutzziel der Unternehmung konkretisierenden Unterkriterien auf Kardinalskalen abbilden läßt. Dies gilt sowohl für das Ressourcenziel, das anhand Kennzahlen bzgl. des qualitativen Verbrauchs an Ressourcen beschreibbar ist, als auch für das Emissionsziel. Für letzteres lassen sich die unterschiedlichen Emissionsarten, damit auch die unterschiedlichen physikalischen Einheiten bspw. in Form von
- Massenströmen [ME/ZE]
- Massenkonzentrationen [ME/FE] bzw. [ME/VE]
- Massenverhältnissen [ME/ME]

messen. Der Massenstrom mißt die Emissionsbelastung je Zeiteinheit, Massenkonzentrationen geben die Belastung je Flächen- bzw. Volumeneinheit an und Massenverhältnisse spiegeln das Verhältnis der Emissionsbelastung entweder zu den eingesetzten Rohstoffen oder zu den erzeugten Produkten wider.

Die Forderung, Ausprägungen der Entscheidungsalternativen nicht mehrfach in die Bewertung einfließen zu lassen, wird auch als die Forderung nach technologischer Unabhängigkeit bezeichnet.[1] Sie besagt, daß die Zielerreichung einer Alternative hinsichtlich eines Kriteriums i (k_i) unabhängig sein soll von der Zielerreichung eines anderen Zielkriteriums k (k_k). Durch die Forderung nach technologischer Unabhängigkeit der Kriterien soll eine Verfälschung des Ergebnisses der Nutzwertanalyse dadurch, daß einzelne Kriterien zu stark gewichtet werden, vermieden werden.[2] In der Praxis ist jedoch zu beobachten, daß bei der Formulierung von Nutzwertmodellen die technologische Unabhängigkeit sowohl wegen definitorischer Zusammenhänge (z.B. Gewinn = Umsatz - Kosten) als auch infolge der Interdependenz wirtschaftlicher Größen selten gewährleistet ist. Somit herrscht auch in der Literatur Einigkeit darüber, daß die Annahme vollständiger technologischer Unabhängigkeit der Kriterien unrealistisch ist.[3] Daher sprechen auch die in Abschn. B.I.2. angesprochenen Beziehungen zwischen ökonomischen und ökologischen Kriterien nicht gegen die Anwendung von Nutzwertanalysen zur Fundierung von Entscheidungen über Umweltschutzinvestitionen.

Nebenbedingungen schränken den Aktionsspielraum der Unternehmung ein und "haben bei Scoring-Modellen die Aufgabe, im Zuge einer Vorauswahl... nicht realisierbare und unerwünschte Vorhaben zu eliminieren"[4]. Nebenbedingungen können sowohl das Erfolgsziel betreffen, indem ein bestimmter Mindestgewinn gefordert wird, als auch in Form von ökologischen Mindeststandards auftreten. Diese werden durch gesetzliche Vorschriften über maximal zulässige Emissionen oder auch Immissionen bestimmt sein. Sie können jedoch auch von den Entschei-

---

[1] vgl. Strebel, 1975, S. 59
[2] vgl. Utz, 1978, S. 274; Zangemeister, 1971, S. 76 f.
[3] vgl. Zangemeister, 1971, S. 78; Schelker, 1978, S. 178; Baumann, 1979, S. 29; Görg, 1981, S. 173; Brauchlin, 1984, S. 223
[4] Strebel, 1975, S. 66

dungsträgern selbst gewählt werden und dann bspw. durch Empfehlungen von Verbänden oder ähnlichen Institutionen fixiert sein. Eine Vorauswahl und anschließende Eliminierung unzulässiger Investitionsalternativen ist nicht zuletzt deshalb notwendig, weil die anschließende Aggregation der ökologischen Kriterien dazu führen kann, daß negative, über die gesetzliche Norm hinausgehende Umweltbelastungen durch positive Umweltentlastungen kompensiert oder gar überkompensiert werden.[1]

Die Nutzenunabhängigkeit der einzelnen Kriterien ist gewährleistet, wenn für den Entscheidungsträger der subjektiv empfundene Nutzen der Zielerreichung hinsichtlich eines Kriteriums k_i unabhängig ist von der Ausprägung hinsichtlich anderer Kriterien $k_{j...}$. Im Falle von Umweltschutzinvestitionen müßte also bspw. sichergestellt sein, daß der Nutzen, den der Entscheidungsträger einer bestimmten Höhe des Kapitalwertes C_i beimißt, unabhängig davon ist, welche Reduktion an SO_2-Emissionen mit ihr verbunden ist. Eine uneingeschränkte Nutzenunabhängigkeit für alle Zielerreichungsgrade dürfte für kaum ein Kriterienpaar realistisch sein. Allerdings weist Zangemeister[2] darauf hin, daß bereits eine bedingte Nutzenunabhängigkeit zu validen Ergebnissen der Nutzwertanalyse führt. Bedingte Nutzenunabhängigkeit liegt vor, wenn der Nutzen verschiedener Kriterienausprägungen vom Entscheidungsträger nur innerhalb gewisser Grenzen für diese Kriterienausprägungen unabhängig voneinander angesehen wird. Ein Beispiel für einen derartigen Fall wäre etwa eine Umweltschutzinvestition, die zwar einen positiven Kapitalwert aufweist, aber die gesetzlichen Umweltschutzvorschriften nicht einhält. Der Nutzen des positiven Kapitalwertes würde unter diesen Umständen mit Null beziffert werden. Erst ab einem bestimmten gewährleisteten Niveau an Umweltschutz könnte der Nutzen des

---

[1] vgl. Görg, 1981, S. 175
[2] vgl. Zangemeister, 1971, S. 75

Kriteriums 'Kapitalwert' unabhängig vom ökologischen Kriterium bestimmt werden. Dies wäre ein typischer Fall für bedingte Nutzenunabhängigkeit zweier Kriterien. Damit wird auch deutlich, daß durch die Wahl geeigneter Kriterien und insbesondere Nebenbedingungen zumindest bedingte Nutzenunabhängigkeit gewährleistet werden kann. Daher und da die Nutzenunabhängigkeit nicht objektiv gegeben, sondern nur aus der Präferenzstruktur des Entscheidungsträgers durch Befragungen und psychologische Tests zu ermitteln ist[1], soll im folgenden eine derartige Nutzenunabhängigkeit als gegeben vorausgesetzt werden.

ab) Kriterienwahl im Beispielsfall

Hier kann auf die in Abschn. B.II.2. dargestellten Kriterien zurückgegriffen werden. Dort wurde ausgeführt, daß als grundsätzliche Zielkriterien sowohl ökonomische als auch ökologische und technische Entscheidungskriterien ins Kalkül zu ziehen sind. Die Untergrenzen des zulässigen Intervalls für die ökologischen Kriterien werden durch die im WHG festgelegten und in diversen Verwaltungvorschriften konkretisierten Anforderungen bestimmt. Im ökonomischen Bereich werden sie durch das Setzen gewisser Mindestgrenzen für den Kapitalwert durch die Unternehmungsleitung gesetzt.[2] Den Kapitalwert (Kriterium 1: K_1) als ökonomisches Kriterium zu wählen, erscheint deshalb sinnvoll, weil, wie bereits in Abschn.C.I.1. ausgeführt wurde, sich bei Umweltschutzinvestitionen dynamische Investitionsrechnungen besser eignen als statische Investitionsrechnungen.

Als ökologisches Kriterium ist als erstes der absolute Wasserverbrauch zu nennen. Während dieser in

---

[1] vgl. Strebel, 1975, S. 64
[2] wobei durchaus an negative Kapitalwerte zu denken ist; ansonsten würden nachgeschaltete Investitionen i.d.R. von vornherein nicht berücksichtigt

einer konkreten Entscheidungssituation durchaus in quantitativer Form in Liter/ZE angegeben werden kann, wird hier im Beispielsfall, wie bereits ausgeführt wurde, eine ordinale Skalierung gewählt. Das Kriterium für den Wasserverbrauch lautet dann 'Wie verändert sich der Wasserverbrauch gegenüber der Situation vor der Umweltschutzinvestition?' (K_2).

Die Menge der im Abwasser der Unternehmung gelösten Schadstoffe[1] bildet das zweite ökologische Kriterium. Hierbei bieten sich als Indikatoren der zu beachtenden Schadstoffe die in den Verwaltungsvorschriften des Wasserhaushaltsgesetzes und im Abwasserabgabengesetz aufgeführten Schadstoffe an.[2] Das hier interessierende Kriterium könnte dann etwa lauten 'Inwieweit werden die gesetzlichen Anforderungen erfüllt?' (K_3), wobei aus einer dynamischen Betrachtungsweise heraus auch die Gefahr der Erhöhung der gesetzlichen Standards berücksichtigt werden muß.

Das letzte in diesem Beispielsfall zu beachtende ökologische Kriterium bezieht sich auf den Anfall fester Abfälle. Dies erscheint insbesondere deswegen geboten, weil gerade bei nachgeschalteten Umweltschutzinvestitionen häufig der Fall auftritt, daß eine Entlastung des einen Umweltmediums, im Beispielsfall wäre dies das Umweltmedium Wasser, zu Lasten der Belastung eines anderen Umweltmediums, im Beispielsfall des Umweltmediums Boden, geht. Das zur Beurteilung heranzuziehende Kriterium könnte somit lauten: 'Wie verändert sich der Anfall fester Abfälle gegenüber der Ausgangssituation?' (K_4).

Eine weitere, die Entscheidung bestimmende Kriteriengruppe umfaßt die technischen Kriterien. Als Beispiele für den Fall der Entscheidung über Umweltschutz-

---

[1] in ME/Liter Wasser
[2] vgl. § 3 des AbWaG

investitionen kommen die Reife der Konstruktion, die
universelle Anwendbarkeit, die Emissionsminderungskapazität und die Schulungsanforderungen in Betracht.

Das Kriterium der Reife der Konstruktion läßt sich
am ehesten durch die Frage 'Ist die geplante Investition schon erprobt?' (K_5) konkretisieren. In diesem
Zusammenhang muß auch die Frage nach dem Stand der
Technik gesehen werden.

Die universelle Anwendbarkeit einer Umweltschutzinvestition bezieht sich vor allem auf die Frage,
inwieweit die Anlage in der Lage ist, verschiedene
Schadstoffe zu verarbeiten bzw. abzuscheiden. Dies erscheint insbesondere bei einer unsicheren Rechtslage[1]
von ausgesprochener Wichtigkeit für die Beurteilung
einer Umweltschutzinvestition zu sein. Die damit zu
beantwortende Frage lautet dann: 'Kann die Investition
auch anders als geplant eingesetzt werden?'(K_6).

In engem Zusammenhang damit steht die Frage, inwieweit die gewählte Alternative in der Lage ist, unterschiedliche Grenzwerte für die Emissionen zu erreichen.
Wie bereits ausgeführt wurde, erscheint die Beantwortung dieser Frage vor allem vor dem Hintergrund der
allgemeinen Umweltsituation und sich daraus ergebender
dauernder Verschärfungen des Umweltrechts von außer-
ordentlicher Wichtigkeit. Bei einer Verschärfung der
Umweltstandards kann eine kostspielige Umstellung der
Produktion oder eine weitere nachgeschaltete Investition nur vermieden werden, wenn die Unternehmung in der
Lage ist, mithilfe der bereits getätigten Umweltschutzinvestition diesen höheren Grenzwert einzuhalten bzw.
gar zu unterbieten. Die für die Unternehmung bedeutsame

---

[1] was ja nichts anderes heißt, als daß die Entwicklung der vom
Staat gesetzten Grenzwerte äußerst unsicher ist, und dies
sowohl bzgl. der Höhe dieses Grenzwertes hinsichtlich eines
Stoffes als auch - und dieser Fall läßt die universelle Anwendbarkeit der Umweltschutzinvestition als wichtiges Kriterium erscheinen - hinsichtlich der Stoffart, für die ein Grenzwert
erlassen wird

Frage lautet somit 'Wieweit ist die Emissionsminderungskapazität der Alternative erweiterbar?'(K_7).

Die Umschulungsanforderungen erscheinen vor allem aus dem Grunde wichtig, weil hohe Anforderungen in diesem Bereich zu Produktionsunterbrechungen führen können, die mit erheblichen Erlöseinbußen für die Unternehmung verbunden sein können. Als Kriterium läßt sich formulieren: 'Sind vor Inbetriebnahme Schulungen notwendig?'(K_8).

b) Bestimmung der Teilnutzen
ba) Theoretische Erläuterung

Um die Nachvollziehbarkeit der Nutzwertanalyse zu gewährleisten, sollte die Bestimmung der Teilnutzen in zwei Teilschritten erfolgen. In einem ersten Schritt werden die Zielbeiträge jeder Investitionsalternative bezüglich der einzelnen Kriterien durch nominale, ordinale oder kardinale Messung erfaßt, um dann in einem zweiten Schritt in Teilnutzen transformiert zu werden.

Für den ersten Teilschritt wurde bereits in früheren Abschnitten[1] festgestellt, daß die Messung der ökologischen Auswirkungen von Umweltschutzinvestitionen weitgehend anhand von Kardinalskalen erfolgt. Für solchermaßen quantitativ formulierte Kriterien müssen dann Eckwerte des Zielerfüllungsbeitrages festgelegt werden. Als unterste Grenze kommen dabei die oben angesprochenen Nebenbedingungen in Betracht.[2] Als oberste Grenze wird im Bereich der ökologischen Zielsetzung

---

[1] vgl. B.II.2.
[2] die Orientierung an staatlichen Regelungen wird durch die Abb.12 und Abb.13 deutlich. Die dort gebildeten Intensitätsklassen für die Schadstoffe Quecksilber und Cadmium ergeben sich anhand der in §3 AbwAG bestimmten Schädlichkeit der Stoffe

oft das "technisch Machbare"[1] angeführt, im Bereich der ökonomischen Zielsetzung muß sich dies durch Konvention ergeben.[2] In jedem Fall sollte jedem Zielkriterium die gleiche Anzahl von Ausprägungsklassen zugeordnet werden, da sonst der Einfluß der Gewichtung auf das Ergebnis unüberschaubar wird.

Bei kardinaler Messung der Zielausprägungen können die Teilnutzen entweder ohne explizite Angabe der Funktion für die Transformation der Zielerreichungsgrade in Teilnutzen oder aber mit expliziter Angabe der Transformationsfunktion erfolgen. Theoretisch sind bei kardinaler Messung der Kriterienausprägungen zwei Arten von Transformationsfunktionen denkbar: einmal stückweise-konstante Transformationsfunktionen, bei denen für festgelegte Intervalle der Ausprägungen der Teilnutzenwert konstant bleibt.

Zum anderen gibt es stetige Transformationsfunktionen, bei denen die Intervalle, die bei der stückweise-konstanten Transformationsfunktion auftraten, gegen Null und die Anzahl der Intervalle gegen ∞ gehen. Damit diese Transformation möglich ist, muß der Beurteilende über ein beliebig feines Differenzierungsvermögen verfügen, um so auch für kleinste Zielerreichungsunterschiede die entsprechenden Nutzenunterschiede angeben zu können. Mit der Art der Transformationsfunktion wird auch eine Entscheidung über den Zusammenhang zwischen Umweltentlastung und der daraus resultierenden Nutzensteigerung getroffen. Dieser Zusammenhang kann sowohl linear, progressiv, regressiv oder anderer Art sein.[3] Im folgenden soll von einem linearen Zusammenhang ausgegangen werden.

---

[1] das "technisch Machbare" manifestiert sich größtenteils in Form des "Standes der Technik", der in der deutschen Umweltpolitik als der Standard gilt, der von der Unternehmung bei der Emissionsvermeidung erreicht werden sollte; zur Problematik des "Standes der Technik" vgl. Endres, 1988, S. 83 f.
[2] vgl. Görg, 1981, S. 177
[3] vgl. Görg, 1981, S. 116

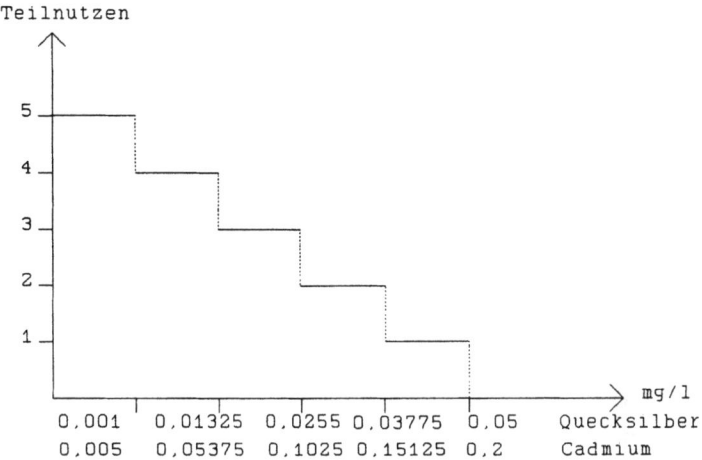

Abb. 12: Stückweise-konstante Transformationsfkunktion

Für die Verwendung von stückweise-konstanten Transformationsfunktionen spricht das beschränkte Differenzierungs- und Bewertungsvermögen des Menschen. Überdies ergaben Untersuchungen, daß "... in einer konkreten Entscheidungssituation mit der Vergrößerung der Intervallzahl über zehn hinaus keine wesentlichen Verbesserungen der Entscheidungsgrundlagen erzielt werden kann"[1]. Insgesamt kann also festgehalten werden, daß für die Praxis der Nutzwertanalyse die Verwendung von fünf bis zehn Zielerreichungsintervallen angebracht erscheint.

Ein wesentlicher Aspekt für die Bestimmung der Transformationsfunktion zur Beurteilung der ökologischen Kriterien liegt darin, daß es sich im Fall der Umwelt um "kein privates, sondern ein gesellschaft-

---

[1] Dreyer, 1975, S. 76

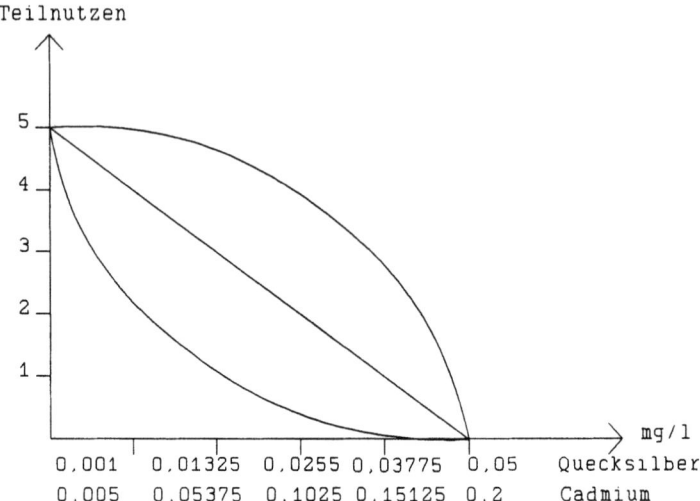

Abb. 13: Stetige Transformationsfunktion

liches Gut" handelt, und damit, wie schon Strebel[1] feststellt, "das Wertsystem im Prinzip die Ziele und Wertungen aller von der Umweltbeschaffenheit Betroffenen beachten, also ein gesellschaftliches Wertsystem sein" muß. In der Transformationsfunktion sollen sich also in Gesetzen oder auch in Empfehlungen von Verbänden getroffene Aussagen bezüglich der relativen Wichtigkeit einzelner Umweltwirkungen widerspiegeln. Ein Beispiel für derartige Aussagen findet sich in dem §3 AbWAG, wenn der Tabelle zur Schädlichkeit des Abwassers zu entnehmen ist, daß etwa ein Gehalt von 100 Gramm Quecksilber (Jahresmenge) fünf Mal schädlicher eingestuft wird als 100 Gramm Cadmium.[2]

Bei ordinaler Messung der Zielerreichung, wie sie bei der Beurteilung hinsichtlich der technischen Kriterien vorwiegend erfolgt, ergibt sich der Teilnutzen

---

[1] Strebel, 1978, S. 852
[2] vgl. auch B.IV.2.a)

einer Investitionsalternative meist unmittelbar aus der Zuordnung zu der jeweiligen Zielerreichungsklasse.[1]

bb) Die Bestimmung der Teilnutzen im Beispielsfall

Als Teilnutzenskalen werden im vorliegenden Beispiel ausschließlich, mit Ausnahme für das ökomomische Kriterium des Kapitalwertes, ordinale Merkmalsklassen gebildet.

Es soll davon ausgegangen werden, daß die Unternehmung als Untergrenze für den Kapitalwert -100.000 DM ansetzt. Das heißt also, alle Alternativen, die einen geringeren Kapitalwert aufweisen, fallen aus der weiteren Betrachtung heraus. Für die Alternativen mit höherem Kapitalwert soll gelten, daß die Unternehmung die unterschiedlichen Kapitalwerte in 5 Klassen unterteilt, und zwar folgendermaßen (Angaben in TSD DM):

K_1	-100 bis -80	-80 bis -60	-60 bis -40	-40 bis -20	> -20
Bewertung	mangelhaft	ausreichend	befriedigend	gut	sehr gut
Kriterienwert	2	4	6	8	10

Die Unterteilung in fünf Klassen soll auch für die anderen Kriterien, also für die ökologischen sowie für die technischen Kriterien, gelten.

Für die ökologischen Kriterien ergeben sich im einzelnen folgende Kriterienwerte:

- für den Wasserverbrauch

K_2	steigt stark	steigt	unverändert	sinkt	sinkt stark
Kriterienwert	2	4	6	8	10

---

[1] vgl. Blohm/Lüder, 1991, S. 182

- für die Schadstoffe je Liter Wasser

K_3	große Gefahr der Nichterfüllung	Gefahr der Nichterfüllung	Erfüllung der gesetzl. Norm	geringe Übererfüllung	starke Übererfüllung
Kriterienwert	2	4	6	8	10

- für die festen Abfälle

K_4	starke Erhöhung	geringe Erhöhung	keine Änderung	geringe Verringerung	starke Verringerung
Kriterienwert	2	4	6	8	10

Für die technischen Kriterien ergeben sich im einzelnen folgende Kriteriengewichte:

- für die Reife der Konstruktion

K_5	nicht erprobt	kaum erprobt	normal erprobt	relativ oft erprobt	vielfältig eingesetzt
Kriterienwert	2	4	6	8	10

- für die universelle Verwendbarkeit

K_6	nein	nur schwierig	möglich	relativ leicht	problemlos
Kriterienwert	2	4	6	8	10

- für die Emissionsminderungskapazität

K_7	nein	nur schwierig	möglich	gut	problemlos
Kriterienwert	2	4	6	8	10

- und für die Schulungsanforderungen

K_8	ja, mit sehr hohen Anforderungen	ja, mit hohen Anforderungen	ja, normale Umschulungen	ja, geringe Einweisungen	nein
Kriterienwert	2	4	6	8	10

Die Analyse der beiden grundsätzlichen Alternativen hinsichtlich dieser Kriterien ergibt folgendes Bild:

KRITERIEN	Betriebseigene Kläranlage	Integrierte Technologie
K_1	2	10
K_2	6	10
K_3	8	8
K_4	4	8
K_5	10	2
K_6	4	4
K_7	8	6
K_8	10	2

Tab.4 :   Punktwertung

c) **Gewichtung der Kriterien**

ca) Theoretische Erläuterung

Zielgewichte spiegeln den relativen Wert, welchen die Entscheidungsträger den einzelnen Zielen beimessen, wider. Deren Bestimmung kann sowohl direkt, dann spricht man von direkter Intervallskalierung, als auch indirekt mit Hilfe mathematischer Meßmodelle erfolgen.[1] Bei direkter Intervallskalierung wird unterstellt, daß der Anwender der Nutzwertanalyse wie ein "Meßinstrument funktioniert" und die seinen Präferenzunterschieden entsprechenden Zahlenintervalle direkt angeben kann.[2] Anschließend werden diese Gewichte normiert, so daß z.B. gilt

$$\sum_{j=1}^{n} g_j = 1$$

Analog gilt dies auch für den Fall, daß ein gegebener 'Punktevorrat' so auf die Kriterien verteilt wird, daß

---

[1] vgl. Zangemeister, 1971, S. 171 ff.
[2] vgl. Zangemeister, 1971, S. 171 ff.

es den Präferenzordnungen des Entscheidungsträgers entspricht.

Bei den indirekten Methoden wird davon ausgegangen, daß der Beurteilende seine Präferenzen bzgl. der einzelnen Kriterien zunächst nur ordinal angeben kann, daß sich jedoch die so ermittelte Rangreihe mit Hilfe einer Transformationsfunktion in Werte auf einer Intervallskala umformen läßt.[1]

Zur systematischen Bestimmung der Rangreihe bietet sich das sogenannte Halbmatrizenverfahren an.

Kriterien				Ordinale Wichtigkeit	Kriterien	Rangziffer
K_1	K_2	K_3	K_4			
1	1	1	1	4	K_1 Kapitalwert	1
-	-	-	-			
-	2	-	-	1	K_2 Verschmutzung des Wassers	4
-	-	3	4			
-	-	3	3	3	K_3 Verschmutzung der Luft	2
-	-	-	-			
-	-	-	4	2	K_4 Abfall	3
-	-	-	-			

Abb. 14: Halbmatrizenverfahren

Das Halbmatrizenverfahren arbeitet folgendermaßen[2]:
a) In die Spalten und Zeilen der Matrix werden die Kriterien in beliebiger Reihenfolge eingetragen.
b) Dann wird beginnend mit Zeile 1 spaltenweise überprüft, ob das jeweilige Spaltenkriterium "wichtiger" oder "weniger wichtig" ist als das betrachtete Zeilenkriterium (K1). Sofern das Spaltenkriterium wichtiger ist als das Zeilen-

---

[1] vgl. Zangemeister, 1971, S. 171
[2] zum methodischen Vorgehen vgl. Strebel, 1975, S. 97

kriterium, wird die Kennziffer des Spaltenkriteriums in die untere Hälfte des betreffenden Feldes eingetragen. Im umgekehrten Fall kommt die Kennziffer des Zeilenkriteriums in die obere Hälfte des betreffenden Feldes.
Wird ein Kriterium mit sich selbst verglichen, so wird dies als Vorzug behandelt, d.h. die Kennziffer wird in die obere Hälfte des Feldes eingetragen: auf diese Weise wird für jedes Kriterienpaar ein Vergleich durchgeführt.

c) Nun zählt man die Anzahl der Ziffern, die auf ein Kriterium fallen, und zwar spaltenweise die unteren und zeilenweise die oberen, zusammen. Die Summe daraus ergibt dann die ordinale Wichtigkeit des Kriteriums mit deren Hilfe dann eine Rangfolge aufgestellt werden kann.

In diesem Beispiel lautet die Rangfolge:
$K_1 > K_3 > K_4 > K_2$

Um anschließend numerische Werte für die Kriteriengewichte zu erhalten, müssen die Präferenzunterschiede zwischen den Kriterien der Rangreihe festgestellt werden.[1]

Im einfachsten Fall wird unterstellt, daß zwischen je zwei in der Rangreihe aufeinanderfolgenden Kriterien gleiche Präferenzdistanzen bestehen. Die Ermittlung der Gewichte erfolgt, indem zunächst den Kriterien entsprechend der ermittelten Rangfolge Rangziffern r_j (j=1...n) zugeordnet werden, wobei das wichtigste Kriterium die Rangziffer 1, das unbedeutendste Kriterium die Rangziffer n erhält. In einem zweiten Schritt läßt sich dann die Transformationsfunktion zur Ermittlung der Gewichtungsfaktoren g_j folgendermaßen schreiben:

$$g_j = n + 1 - r_j \quad (j = 1...n)$$

---

[1] vgl. Blohm/Lüder, 1991, S. 178

Die so ermittelten Kriteriengewichte lassen sich dann im Anschluß, analog zum Vorgehen bei der direkten Intervallskalierung, auf 1 bzw. 100 normieren.

Bei der Methode des sukzessiven Vergleichs werden zunächst allen Kriterien provisorische Gewichte zugeordnet, wobei mit dem Wert 1 für das am höchsten eingestufte Kriterium begonnen wird. Den übrigen Kriterien werden dann entsprechend der zuvor ermittelten Rangordnung provisorische Gewichte ($g_x^* < 1$) zugeordnet. Diese provisorischen Gewichte werden nun anhand der Präferenzordnung des Entscheidungsträgers hinsichtlich des Vergleichs einzelner Gewichte g_i^* (i=1...m) mit der Summe der restlichen Gewichte g_h^* (h=m...n) oder auch nur mit Teilsummen der restlichen Gewichte überprüft. Dabei können folgende Fälle auftreten:

Fall 1: $g_i > g_h$ und $g_i^* > g_h^*$, dann wird das provisorische Gewicht von g_i beibehalten. In diesem Fall wird g_i^* als hinreichender Näherungswert für g_i akzeptiert. Er wird abgespeichert und in den folgenden Vergleichen nicht mehr verändert. Somit markiert er auch den Wert, der von den übrigen provisorischen Gewichten unterschritten werden muß, und legt die Intervalle fest, in denen die g_h^* liegen müssen.

Fall 2:   falls jedoch $g_i > g_h$ und $g_i^* < g_h^*$ ist, so muß entweder das Gewicht von g_i^* verändert werden, oder aber es müssen die m-n provisorischen Gewichte der betrachteten Summe bzw. Teilsumme korrigiert werden bis $g_i^* > g_h^*$. Entsprechendes gilt natürlich für den umgekehrten Fall, daß $g_i < g_h$.

Die Methode der sukzessiven Vergleiche ist nicht anwendbar, wenn die Zahl der zu vergleichenden Zielkriterien ≥ 7 ist, da das Verfahren dann zu langwierig und unübersichtlich wird.[1]

cb) Zielgewichte des Beispielsfalles

Zunächst muß die Unternehmung eine Rangordnung der Kriterien ermitteln. Wenn sie dazu das in Abschn. C.II.3.c) dargestellte Halbmatrizenverfahren anwendet, könnte sich folgendes Bild ergeben:

		KRITERIEN								Ordinale Wichtigkeit	Rangziffer
		K_1	K_2	K_3	K_4	K_5	K_6	K_7	K_8		
K R I T E R I E N	K_1	1	1	1	1	1	1	1	1	8	1
	K_2		2	2	2	2	2	2	2	7	2
	K_3			3	3	3	3	3	3	6	3
	K_4				4	4	4	4	4	5	4
	K_5					5	5	5	5	4	5
	K_6						6	6	6	3	6
	K_7							7	7	2	7
	K_8								8	1	8

Abb. 15: Halbmatrizenverfahren für die Beispielrechnung

---

[1] vgl. Zangemeister, 1971, S. 211 f.

Im vorliegenden Fall würde die Reihenfolge also $K_1 > K_2 > K_3 > K_4 > K_5 > K_6 > K_7 > K_8$ lauten. Die in der Literatur breit diskutierten Modelle zur numerischen Bestimmung der Kriteriengewichte wurden bereits im theoretischen Teil angesprochen. Im folgenden wird nochmals auf die gebräuchlichste Form des sukzessiven Vergleichs zurückgegriffen. Nach dieser Methode wird folgendermaßen vorgegangen[1]:

Zunächst werden allen 8 Kriterien provisorische Gewichte zugeordnet, wobei mit dem Wert 1 für das am höchsten eingestufte Kriterium begonnen wird. Den übrigen Kriterien werden dann entsprechend der zuvor ermittelten Rangordnung provisorische Gewichte ($g_x^* < 1$) zugeordnet. Das könnte im dargestellten Beispiel zu folgender Struktur führen: $g_1^*=1$; $g_2^*=0,9$; $g_3^*=0,7$; $g_4^*=0,5$; $g_5^*=0,26$; $g_6^*=0,16$; $g_7^*=0,1$; $g_8^*=0,04$.

Nun muß der Entscheidungsträger seine Präferenzordnung hinsichtlich des Vergleichs der einzelnen Kriterien mit der jeweiligen Restsumme der Kriterien aufstellen. Diese Präferenzordnung ergäbe folgendes Bild:

1. $g_1 < g_2 + g_3 + g_4 + g_5 + g_6 + g_7 + g_8$
2. $g_1 < g_3 + g_4 + g_5 + g_6 + g_7 + g_8$
3. $g_1 > g_4 + g_5 + g_6 + g_7 + g_8$
4. $g_2 < g_3 + g_4 + g_5 + g_6 + g_7 + g_8$
5. $g_2 > g_4 + g_5 + g_6 + g_7 + g_8$
6. $g_3 < g_4 + g_5 + g_6 + g_7 + g_8$
7. $g_3 > g_5 + g_6 + g_7 + g_8$
8. $g_4 < g_5 + g_6 + g_7 + g_8$
9. $g_4 > g_6 + g_7 + g_8$
10. $g_5 < g_6 + g_7 + g_8$
11. $g_5 > g_7 + g_8$
12. $g_6 > g_7 + g_8$

---

[1] vgl. hierzu Zangemeister, 1971, S. 209ff.

Nun wird überprüft, ob die provisorischen Gewichte die Präferenzordnung der sukzessiven Vergleiche korrekt wiedergeben:

ad 1.   1 < 0,9+0,7+0,5+0,26+0,16+0,1+0,04
       1 < 2,66
- stimmt, d.h. alle Kriteriengewichte können beibehalten werden.

ad 2.   1 < 1,76
- stimmt, also wiederum keine Änderung der Kriteriengewichte.

ad 3.   1 > 1,06
- stimmt nicht, also muß entweder g_1^* erhöht, oder eines bzw. mehrere der übrigen Kriteriengewichte vermindert werden. Hier wird die zweite Möglichkeit gewählt und $g_4^* = 0,32$ gesetzt.

Bei der Kontrolle der g_i^* ergeben sich nun folgende Werte:

ad 1.	1	<	2,48
ad 2.	1	<	1,58
ad 3.	1	>	0,88
ad 4.	0,9	<	1,58
ad 5.	0,9	>	0,88
ad 6.	0,7	<	0,88
ad 7.	0,7	>	0,56
ad 8.	0,32	<	0,56
ad 9.	0,32	>	0,3
ad 10.	0,26	<	0,3
ad 11.	0,26	>	0,14
ad 12.	0,16	>	0,14

Da alle Ungleichungen wahr sind, geben die provisorischen Gewichte die Präferenzen des Entscheidungsträgers wieder und es bedarf keiner erneuten Veränderung der Kriteriengewichte. In einem letzten Schritt erfolgt nun noch die Normierung der Kriteriengewichte auf 1. Dazu wird die Summe der g_i^* gebildet und jedes einzelne g_i^* durch diesen Wert dividiert. Im Beispielfall ist die $\sum g_i^* = 3,48$.

Für die g_i ergeben sich damit im einzelnen folgende Werte:

$g_1=0,287$; $g_2=0,258$; $g_3=0,201$; $g_4=0,091$; $g_5=0,074$;
$g_6=0,045$; $g_7=0,028$; $g_8=0,011$.

Mithilfe der Kriteriengewichte lassen sich nun die Nutzwerte der beiden Alternativen ermitteln. Im einzelnen ergeben sich folgende Nutzwerte:

$g_i \cdot k_i$ Alternativen	Betriebseigene Kläranlage	Integrierte Technologie
$g_1 \cdot k_1$	0,574	2,87
$g_2 \cdot k_2$	1,548	2,58
$g_3 \cdot k_3$	1,608	1,608
$g_4 \cdot k_4$	0,364	0,728
$g_5 \cdot k_5$	0,74	0,148
$g_6 \cdot k_6$	0,18	0,18
$g_7 \cdot k_7$	0,224	0,168
$g_8 \cdot k_8$	0,11	0,022

Tab.5 : Nutzwerte der Beispielrechnung

d) **Wertsynthese**

da) **Theoretische Erläuterung**

In diesem Verfahrensschritt müssen die m eindimensionalen Präferenzordnungen bzgl. der einzelnen Kriterien zusammengefaßt werden. Dabei ist die Möglichkeit der Aggregation der Präferenzordnungen wesentlich von dem Skalenniveau, in dem die Teilnutzen angegeben werden können, abhängig.

Sofern die Teilnutzen auf einer Ordinalskala angegeben wurden, müssen also die Rangziffern der Alternativen in bezug auf die verschiedenen Kriterien aggregiert werden, um zu einem Gesamtnutzwert zu gelangen. Eine derartige Aggregation ist aber nur dann möglich, wenn für die einzelnen Rangfolgen gewisse kardinale Eigenschaften unterstellt werden.[1] So arbeiten auch die verschiedenen Aggregationsvorschriften[2] für die Zusammenfassung ordinal skalierter Teilnutzen mit kardinalen Maßen für den Nutzwert.

Bei einheitlicher kardinaler Messung[3] gibt es prinzipiell zwei Arten der Nutzensynthese. Entweder die Addition oder die Multiplikation der Zielwerte. Nach der Additionsregel ergibt sich der Gesamtnutzwert einer Alternative als Summe der mit den Gewichten multiplizierten Teilnutzwerte:

$$N_i = \sum_{j=1}^{n} g_{ij} \times k_{ij} \text{ wobei } i = 1...m$$

Die Multiplikationsregel wird auch als Entscheidungsregel empfohlen, wenn von einer Nutzenabhängigkeit der betreffenden Kriterien ausgegangen werden muß. Allerdings haben Simulationsversuche von Dreyer mit verschiedenen Wertsyntheseregeln ergeben[4], daß selbst bei Verletzung des Nutzenunabhängigkeitspostulats die multiplikative Wertsynthese nicht zu wesentlich besseren Ergebnissen als die additive Wertsynthese führt. Dies gilt auch für die in der Literatur vorgeschlagene Kombination von additiver und multiplikativer Wertsynthese.[5] Dreyer kommt somit insgesamt zu dem Schluß, daß die additive Wertsynthese bei Nutzenunabhängigkeit die adäquate Entscheidungsregel und ein Abweichen von ihr, auch bei Verletzung des Nutzenunabhängigkeitspostulats, nicht sehr sinnvoll ist.[6]

---

[1] vgl. Zangemeister, 1971, S. 263
[2] wie etwa die Copeland-Regel oder die Rangordnungssummenregel, vgl. dazu im einzelnen Zangemeister, 1971, S. 259 ff.
[3] zur Anwendbarkeit der Additionsregel bei mehreren nur intervallfixierter Teilnutzwert-Skalen vgl. Zangemeister, 1971, S.272 ff.
[4] vgl. Dreyer, 1975, S. 132f.
[5] vgl. Sabel, 1971, S. 98
[6] vgl. Dreyer, 1975, S. 141

db) Wertsynthese im Beispielsfall

Da also die additive Wertsynthese als adäquate Aggregationsvorschrift allgemein anerkannt ist, soll sie auch hier zur Zusammenfassung der ermittelten Werte verwand werden. Somit ergeben sich für die beiden Alternativen folgende Nutzwerte:

für die Investition in eine betriebseigene Kläranlage als $\sum g_i \cdot k_i$ der Wert 5,348 und für die Investition in eine integrierte Technologie der Wert 8,304.

e) **Beurteilung der Vorteilhaftigkeit**
   ea) Theoretische Erläuterung

Werden sich ausschließende Investitionsprojekte verglichen, so wird ihre relative Vorteilhaftigkeit bezüglich der berücksichtigten Zielkriterien durch Vergleich der ermittelten Nutzwerte festgestellt. Eine Investition A ist gegenüber einer Investition B vorteilhaft, wenn ihr Nutzwert höher ist, wenn also $N_a > N_b$ gilt. Allerdings ist der Nutzwert nur dann alleiniges Entscheidungskriterium, wenn zu seiner Ermittlung alle entscheidungsrelevanten Kriterien herangezogen wurden.[1]

Um dem in Abschn. B.III.1. angesprochenen unvollkommenen Informationsstand des Entscheidungsträgers über Umweltschutzinvestitionen zu begegnen, bieten sich Sensitivitätsanalysen an. Gerade vor dem Hintergrund des verstärkten Einsatzes der Nutzwertanalyse zur Entscheidungsfindung gewinnt die Frage nach der Ergebnisempfindlichkeit der berechneten Nutzwerte bzw. der

---

[1] so verweisen Blohm/Lüder etwa darauf, daß neben der Nutzwertanalyse i.d.R. eine Rechnung zur Ermittlung der finanziellen Konsequenzen der Entscheidungsalternativen erfolgt, deren Ergebnis dann mit dem Ergebnis der Nutzwertanalyse abgewogen werden muß, vgl. Blohm/Lüder, 1991, S. 187 f.

Rangstabilität der Alternativen zunehmend an Bedeutung.[1] Dabei wird das Ergebnis der Nutzwertanalyse dann als stabil bezeichnet, wenn die geringfügige Änderung der eingegangenen Urteilsdaten nicht zu Rangverschiebungen der Alternativen führt.

Betrachtet man die Formel für die Nutzwertfunktion

$$N_i = \sum_{j=1}^{n} g_{ij} \times k_{ij} \text{ wobei } i=1...m$$

so wird deutlich, daß eine Änderung des Nutzwertes sowohl durch eine Änderung der Zielgewichte (Δg_{ij}) als auch durch eine Änderung der Zielwerte (Δk_{ij}) bedingt sein kann.[2]
Damit ergeben sich für eine Sensitivitätsanalyse insbesondere zwei Fragestellungen:
- zum einen die Frage nach den kritischen Zielgewichten, oder anders ausgedrückt "welche minimale Änderung der Zielgewichte wäre erforderlich, damit die Nutzwerte zweier Vergleichsalternativen gleich groß werden?"
- zum anderen die Frage nach den kritischen Zielwerten, oder anders ausgedrückt "welche minimale Änderung der Zielwerte führt dazu, daß die Nutzwerte zweier Vergleichsalternativen gleich groß werden?"

Liegen also zwei Alternativen A_h und A_i vor, für deren Nutzwerte gilt

$N_h^{'} > N_i^{'}$

so wird bei der Empfindlichkeitsanalyse danach gefragt, wie die Zielgewichte bzw. Zielwerte verändert werden müssen, damit

$N_h^{'} = N_i^{'}$ eintritt.

---

[1] vgl. Zangemeister/Bomsdorf, 1983, S. 378
[2] vgl. Zangemeister/Bomsdorf, 1983, S. 378

Die ermittelten Werte werden dann als kritische Werte bezeichnet.[1]

Die Frage nach den kritischen Zielgewichten[2] erscheint insbesondere vor dem Hintergrund existierender Präferenztoleranzen bei der Zuordnung von Zielwerten und -gewichten wichtig.[3] So sind Alternativen als "gleichwertig" anzusehen, sofern ihre Nutzwerte bereits durch "relativ kleine" Gewichtsveränderungen, die innerhalb der Präferenztoleranzen liegen, den gleichen Wert annehmen.

Mit der 'simultanen Gewichtsveränderung' und der 'selektiven, paarweisen Gewichtsveränderung' liegen im Rahmen der mathematischen Bestimmung der kritischen Zielgewichte zwei unterschiedliche Minimierungsstrategien vor.[4] Während sich die zur Erreichung der Nutzengleichheit mindestens erforderliche Gewichtsveränderung bei der 'simultanen Gewichtsveränderung' auf möglichst viele Kriterien verteilen soll, steckt hinter der 'selektiven, paarweisen Gewichtsveränderung' das Bestreben, die erforderliche Gewichtsveränderung bei möglichst wenigen Kriterien vorzunehmen.

Sofern im vorhinein eindeutige Unter- und Obergrenzen für die zulässigen Änderungen der Gewichte gezogen wurden und die ermittelten minimal erforderlichen Gewichtsveränderungen unter- bzw. oberhalb dieser Grenzen liegen, besteht über die vorteilhafte Alternative kein Zweifel. Wenn jedoch die Toleranzgrenzen für

---

[1] zur mathematischen Beschreibung des Problems der Ermittlung der kritischen Werte vgl. Zangemeister/Bomsdorf, 1983, S. 379 ff.
[2] da die Frage nach den kritischen Zielwerten dem Vorgehen bei der Emittlung der kritischen Zielgewichte formal mit einigen Vereinfachungen entspricht, wird hier nur auf die kritischen Zielgewichte eingegangen
[3] derartige Toleranzgrenzen können sowohl seitens eines einzelnen Bewerters als auch und vor allem bei einer Mehrzahl von Bewertungspersonen, bei denen häufig voneinander abweichende Zielpräferenzen aufgrund unterschiedlicher Interessenlagen vorherrschen, auftreten, vgl. Zangemeister/Bomsdorf, 1983, S. 378
[4] ausführlich werden beide Verfahren bei Zangemeister/Bomsdorf, 1983, S. 379 ff. behandelt

die Gewichtsänderungen weit auseinanderliegen, evtl. sogar die gesamte Skalenbreite von Null bis Eins umfassen, was bei unterschiedlichen Interessenlagen verschiedener Bewertungsträger durchaus denkbar ist, wird das Ergebnis der Nutzwertanalyse selten eindeutig ausfallen. In einer solchen Situation bieten sich zur quantitativen Beurteilung der erforderlichen Gewichtsveränderungen standardisierte Maße an.[1] Je nach betrachtetem Sachverhalt lassen sich unterschiedliche Empfindlichkeitsmaße angeben.

Allgemein bietet sich ein Vergleich zwischen der maximal möglichen Veränderung der Zielgewichte $(Z(\Delta g)_{max})$[2] und der als minimal notwendig errechneten Veränderung, um eine Nutzengleichheit der Vergleichsalternativen herbeizuführen $Z(\Delta g)_{min}$ als Maß an:

$$E = 1 - \frac{Z(\Delta g)_{min}}{Z(\Delta g)_{max}}$$

E liegt im Wertbereich $0 \leq E \leq 1$, wobei
- große Werte von E ein instabiles NWA-Ergebnis
- und kleine Werte von E ein stabiles NWA-Ergebnis implizieren.

Die Berechnung dieses Empfindlichkeitsmaßes differiert wiederum danach, ob es für die simultane Strategie oder für den selektiv, paarweisen Vergleich ermittelt werden soll.[3] Für die simultane Strategie ergibt sich:

$$E_1 = 1 - \frac{\sum \Delta g_j^2}{\sum g_j^2 + (1 - 2 \min g_j)}$$

und für den Fall der selektiven Strategie:

---

[1] vgl. Zangemeister/Bomsdorf, 1983, S. 384
[2] wobei für die Bestimmung von $Z(\Delta g)_{max}$ die Nebenbedingung, daß Nutzengleichheit der Vergleichsalternativen erreicht wird, aufgehoben werden soll
[3] zur mathematischen Herleitung der Empfindlichkeitsmaße im einzelnen vgl. Zangemeister/Bomsdorf, 1983, S. 392 ff.

$$E_2 = 1 - \frac{\sum |\Delta g_j|}{2(1 - \min g_j)}$$

wobei min g_j = Minimum der Ausgangsgewichte.

Weitere Kennzahlen zur Analyse der Ergebnisempfindlichkeit sind der Prozentsatz der geänderten Zielgewichte:

$$\tilde{n}\% = (\frac{\tilde{n}}{n}) \times 100\%$$

wobei n = gesamte Anzahl der Zielgewichte
und ñ = Anzahl der geänderten Zielgewichte. Allerdings ist diese Kennzahl nur für die Strategie des selektiven, paarweisen Vergleiches aussagekräftig, da bei der simultanen Strategie i.d.R. n = ñ ist.

Außerdem bietet sich die durchschnittliche prozentuale Änderung der ursprünglichen Gewichte als Empfindlichkeitsmaß an:

$$\Delta g\% = (\frac{1}{\tilde{n}} \times \sum \frac{|\Delta g_j|}{g_j}) \times 100\%$$

Dieses Maß kann unbeschränkt große Werte annehmen, wobei große Werte auf eine relativ starke Veränderung der Gewichte und damit geringe Ergebnisempfindlichkeit, und kleine Werte von Δg % auf relativ wenig Veränderungen der Gewichte und damit eine hohe Ergebnisempfindlichkeit hinsichtlich sich ändernder Präferenzen schließen lassen.

eb) Beurteilung der Vorteilhaftigkeit im Beispielsfall

Die Berechnung der kritischen Zielgewichte und der resultierenden Empfindlichkeitsmaße ergibt folgende Tabelle:

Zielkriterien	Simultane Änderungen			Paarweise Änderung		
	Kritische Gewichte g_i	Δg_i	Δg_i^2	Kritische Gewichte g_i	Δg_i	Δg_i^2
K_1	0,174	-0,113	0,012	0,103	-0,184	0,0338
K_2	0,2	0,058	0,0033	0,258	0	-
K_3	0,198	0,003	0,000009	0,201	0	-
K_4	0,033	-0,058	0,0023	0,091	0	-
K_5	0,183	0,109	0,011	0,258	0,184	0,0338
K_6	0,048	0,0003	0,000009	0,045	0	-
K_7	0,052	0,024	0,00057	0,028	0	-
K_8	0,12	0,109	0,011	0,011	0	-
Σ			0,0378			0,0676
Empfindlichkeitsmaße	$E_1 = 0,81$ $\Delta g\% = 175,4\%$			$E_2 = 0,81$ $m = 25\%$ $\Delta g\% = 127\%$		

Tab. 6 : Ermittlung kritischer Zielgewichte für die Beispielrechnung

Als Ergebnis bleibt festzuhalten, daß beim simultanen Verfahren alle 8 Gewichte durchschnittlich um 175% und beim paarweisen Vergleich nur 2 Gewichte um 127%, verändert werden müssen, um zur Nutzengleichheit der beiden Alternativen zu gelangen.

Diese hohen Werte weisen auf ein relativ stabiles Ergebnis der Nutzwertanalyse hin. Die scheinbar dazu im Widerspruch stehenden hohen Werte von E_1 (0,81) und E_2 (0,81) sind in erster Linie auf die hohe und auch etwas unrealistisch anmutende Bezugsbasis der maximal möglichen Gewichtsänderungen zurückzuführen.[1] Insgesamt läßt sich somit für das vorliegende Beispiel festhalten, daß

---

[1] Zangemeister schlägt daher als Bezugsbasis einen Vergleichsfall in dem alle Gewichte um einen bestimmten Prozentsatz $\alpha \times 100\%$ verändert werden vor; vgl. Zangemeister/Bomsdorf, 1983, S. 390f.

das ermittelte Ergebnis $N_B > N_A$ relativ stabil gegen Verschiebungen der Gewichte ist.

III. Beurteilung der Entscheidungshilfe des Modelles bei Umweltschutzinvestitionen mit Hilfe eines Kriterienkataloges

Der Nutzen von Modellen besteht darin, daß man durch diese mathematische Verarbeitung der Daten zu zusätzlichen Informationen gelangt, die ohne derartige Rechnungen nicht zu erkennen wären. Diese zusätzlichen Erkenntnisse über vorliegende Wirkungszusammenhänge ermöglichen dann eine bessere informatorische Fundierung der Entscheidung[1]. Zur Beurteilung der Frage, inwieweit das dargestellte Modell die Entscheidungssituation 'Umweltschutzinvestition' hinreichend erfaßt und damit dem Entscheidungsträger eine Entscheidungshilfe bietet, soll ein in Anlehnung an Schirmeister[2] entwickelter Kriterienkatalog herangezogen werden. Mit ihm soll insbesondere überprüft werden, ob man bei der endgültigen Entscheidung, welche Investition durchgeführt werden soll, die Ergebnisse des Modells zugrunde legen kann, oder ob die Ergebnisse der Berechnungen keine Grundlage der Entscheidung bilden können, da die Annahmen, die für das Modell getroffen werden, zu realitätsfern sind.

Dabei müssen die Besonderheiten der Entscheidungssituation 'Umweltschutzinvestition' berücksichtigt werden. Als eine Besonderheit wurde in Abschnitt B.II.1. zunächst die große Bedeutung der staatlichen Umweltpolitik, welche sich im wesentlichen zum einen in Abgaben und zum anderen in Auflagen niederschlägt, festgestellt. Damit verbunden ist auch der äußerst unvollkommene Informationsstand der Unternehmung hin-

---

[1] vgl. Meyer, 1979, S. 28 f.
[2] vgl. Schirmeister, 1981, S. 56 ff.

sichtlich der Determinanten der Entscheidung über
Umweltschutzinvestitionen, der nicht zuletzt aus der
sich ständig verschärfenden Umweltschutzgesetzgebung
resultiert.[1]

Eine weitere Besonderheit bei der Entscheidung über
Umweltschutzinvestitionen lag in der starken Bedeutung
produktzielbezogener Kriterien, die je nach Verhaltensausrichtung der Unternehmung unterschiedlich groß sein
kann. Auch technische Kriterien spielen insbesondere
bei der Entscheidung zwischen integrierten und nachgeschalteten Umweltschutzinvestitionen eine wichtige
Rolle. Für beide Kriterienarten gilt, daß sie in der
Regel nicht in monetär quantifizierbarer Form vorliegen, was auch dazu führt, daß die herkömmlichen Investitionsrechnungen alleine als Entscheidungshilfe
nicht ausreichen.[2] Damit stellt sich die Frage nach
Modellen neben den Investitionsrechnungen, die in der
Lage sind, diese nicht quantifizierbaren Größen zu
verarbeiten. Daß die Nutzwertanalyse dazu grundsätzlich
in der Lage ist, wurde in C.II.3. dargestellt.[3]

1. Validität

a) Inhalt der Validitätsprüfung

Grundsätzlich ist jede Entscheidung der Unternehmung durch Komplexität gekennzeichnet, die sich darin
äußert, daß das Gesamtsystem[4] Unternehmung in Wirkungsbeziehungen zu seiner Umwelt steht, und jede Alternative unterschiedlichen Einfluß auf die in einseitigen
und wechselseitigen Abhängigkeiten verknüpften Elemente
des Gesamtsystems sowohl in zeitlicher als auch in

---

[1] vgl hierzu insbesondere B.III.1.ba)
[2] vgl. C.I.
[3] Zangemeister weist darauf hin, daß die "Nutzwertanalyse die einzige Bewertungsmethode ist, bei der beliebig viele quantitative und qualitative Zielkriterien (unbeschränkt mehrdimensionales Zielsystem) und die darauf bezogenen Zielpräferenzen des Entscheidungsträgers (Zielgewichte) systematisch in die Entscheidungsfindung einbezogen werden können". Zangemeister, 1971, S. 11
[4] zum Begriff 'System' vgl. Kosiol, 1965, S. 338 ff.

sachlicher Hinsicht ausübt.[1] Für die Zielwirksamkeitsermittlung der Alternativen wäre es daher theoretisch notwendig, alle sachlich-zeitlichen Auswirkungen auf die Elemente des Systems Unternehmung zu ermitteln. Da dies an der mangelnden Informationsgewinnungs- und -verarbeitungskapazität der Entscheidungsträger und der hohen Komplexität des Systems Unternehmung scheitert, ist es Aufgabe von Modellen, "mittels isolierender Abstraktion die charakteristischen Tatbestände aus der Mannigfaltigkeit der Gegebenheiten herauszuheben, um so den komplexen Kausalzusammenhang auf ein vereinfachtes gedankliches Gebilde zu reduzieren."[2]

Bei dieser Abstraktion muß die Validität, worunter "die Übereinstimmung der semantischen Interpretation des Bewertungsmodells mit den realen Sachverhalten"[3] zu verstehen ist, gesichert sein. Es wird also untersucht, ob durch die Modellformulierung die reale Entscheidungsproblematik auch richtig erfaßt wird. Da, wie oben ausgeführt wurde, die Realität nicht in ihrer gesamten Komplexität in einem Modell erfasst werden kann, geht es letztendlich darum, ob der Teilbereich, den die Modelle erfassen, und über den Aussagen gemacht werden, den realen Gegebenheiten entspricht. Die Prüfung der Validität kann in zwei Teilschritten erfolgen. Zunächst wird die Übereinstimmung der einzelnen Elemente des Modells mit den Elementen in der Realität überprüft, und in einem zweiten Schritt wird untersucht, ob die vom Modell unterstellte Struktur zwischen diesen Elementen der realen Struktur entspricht. Elemente des Bewertungsmodells sind die vom Modell verarbeiteten Entscheidungsziele und die Handlungsalternativen. Dabei nimmt die Untersuchung der Entscheidungsziele wegen deren großer Bedeutung für das Bewertungsmodell eine zentrale Stellung ein.[4] Einen ersten Anhaltspunkt für

---

[1] vgl. Schmidt, 1973, S. 41
[2] Kosiol, 1961, S. 319
[3] Schirmeister, 1981, S. 68
[4] vgl. hierzu und im folgenden Schirmeister, 1981, S. 68 ff.

den Realitätsbezug des Modells liefert die Anzahl der vom Modell verarbeiteten Zielvariablen. So verarbeiten viele einfache Ermittlungs- und Extremalmodelle nur eine Zielgröße, was vor dem Hintergrund der in der Praxis zu beobachtenden Zielpluralität eine erhebliche Einschränkung ihrer Anwendbarkeit bedeutet.

Neben der Anzahl der Zielkriterien ist die mögliche inhaltliche Fixierung und damit verbunden auch der vom Modell geforderte Zielmaßstab der Kriterien für die Beurteilung der Validität des Modellergebnisses wichtig. So scheinen Modelle, die nur monetäre Größen verarbeiten, obwohl die Zielsetzung des Modellanwenders auch nichtmonetäre Zielgrößen umfaßt, wenig valide. Auch das vom Modell unterstellte Zielausmaß, also etwa Extremierung oder Satisfizierung, ist zur Validitätsprüfung heranzuziehen.

Die Handlungsalternativen sind durch die Informationen über ihre zukünftigen Wirkungen determiniert. Daraus folgt, daß ihre Validität in erster Linie von der informatorischen Fundierung abhängt und damit weniger Gegenstand der Validitätsüberprüfung des Bewertungsmodells als vielmehr der informatorischen Fundierung und eventuell dort verwendeter Modelle ist.[1]

In einem zweiten Schritt wird die vom Modell unterstellte Struktur der einzelnen Elemente untersucht. Zur Beurteilung dieses Aspektes muß zunächst die Frage beantwortet werden, ob das Modell die vom Bewertungsträger subjektiv gesetzten Grenzen[2] des spezifischen Entscheidungsproblems beachtet. In der Nichtbeachtung der Grenzen des Entscheidungsproblems wird ein wesentlicher Grund für die geringe Verbreitung einiger Bewertungsmodelle gesehen.[3]

---

[1] z.B. der in Kap. B.III.2. angesprochenen Modelle
[2] vgl. Witte, 1969, S. 490
[3] vgl. Meyer, 1979, S. 94 ff.

Als weiteres Kriterium zur Beurteilung der Modellstruktur dient der Vergleich der vom Modell unterstellten Zielbeziehungen mit den in der Realität existierenden Zielbeziehungen. Allerdings sind die in der Realität existierenden Zielbeziehungen i.a. viel zu komplex, um sie vollständig im Modell abbilden zu können. Schirmeister[1] verweist insbesondere auf die bereichsweisen Veränderungen und die unterschiedlichen graduellen Ausprägungen der Zielbeziehungen. Dabei kann es zu zulässigen und unzulässigen Vereinfachungen, z.B. Linearisierungen der Realität im Bewertungsmodell, kommen.

b) Validitätsprüfung des Modells

Eine erste Frage im Rahmen der Validitätsprüfung ist, ob die Zielsetzung, die von den Modellen verwand werden, den realen Zielsetzungen der Unternehmung entsprechen. Da bei Umweltschutzinvestitionen i.d.R. neben ökonomischen Zielgrößen auch technische und vor allem ökologische Kriterien von Bedeutung sind, muß das Modell also in der Lage sein, mehrere Zielgrößen, die auch hinsichtlich ihrer inhaltlichen Fixierung unterschiedlich sind, zu verarbeiten. Dem trägt die Nutzwertanalyse Rechnung, indem sie sowohl quantifizierbare als auch nichtquantifizierbare Informationen in Nutzengrößen transformiert und somit operationalisiert. Sie kann insofern auch als vollständig bezeichnet werden, als sie sämtliche potentiellen Wirkungsdimensionen erfassen kann.[2] Andererseits kann jedoch die von der Nutzwertanalyse geforderte Nutzenunabhängigkeit der Kriterien dazu führen, daß entscheidungsrelevante Kriterien vernachlässigt werden.[3]

---

[1] vgl. Schirmeister, 1981, S. 135
[2] vgl. Ringeisen, 1988, S. 518; Brauchlin und Siegwart sprechen gar von einem gewissen Zwang der Nutzwertanalyse zur Volständigkeit, vgl. Brauchlin, 1984, S. 238; Siegwart, 1974, S.212
[3] vgl. die folgenden Ausführungen zum Informationsgehalt des Modells

Die Anwendung der Nutzwertanalyse empfiehlt sich nur, wenn das angestrebte Zielausmaß sowohl hinsichtlich der ökonomischen als auch der ökologischen Zielsetzung "Statisfizierung" lautet. Wird dagegen entweder Extremierung des Gewinns bei gleichzeitiger Statisfizierung der ökologischen Zielsetzung, bsw. Einhaltung der vom Staat geforderten Grenzwerte, oder aber Extremierung der ökologischen Zielsetzung bei gleichzeitiger Einhaltung eines bestimmten Mindestgewinnes angestrebt, so erscheint die Anwendung der Nutzwertanalyse als wenig sinnvoll.

Im Rahmen der Prüfung der vom Modell unterstellten Struktur der Elemente interessieren zunächst die Grenzen des Entscheidungsproblems, die subjektiv vom Entscheidungsträger gesetzt werden. Bei Umweltschutzinvestitionen stellt sich diese Frage insbesondere hinsichtlich der Grenzen der Auswirkungen auf die Umwelt, die noch in den Verantwortungsbereich der Unternehmung fallen. Im konkreten Fall kann es sich also beispielsweise um die Frage drehen, ob die Unternehmung bei der Autoproduktion nur die Auswirkungen auf die Umwelt, die bei Beschaffung, Produktion und Absatz auftreten, berücksichtigen soll, oder ob auch die Auswirkungen, die nach Absatz des Fahrzeuges durch den Käufer entstehen, mit ins Kalkül gezogen werden sollen.[1] Hierzu läßt sich festhalten, daß es grundsätzlich möglich ist, sowohl die eine als auch die andere Vorstellung über die Grenzen des Entscheidungsproblems in das Nutzwertmodell aufzunehmen.

Ein valides Modell muß weiterhin in seiner Struktur die in der Realität existierenden Zielbeziehungen berücksichtigen. Die im Rahmen von Umweltschutzinvestitionen v.a. zu berücksichtigenden Zielsetzungen waren ökonomischer sowie ökologischer Natur. Wie in Abschn.B.I.2. herausgearbeitet wurde, kann die Ziel-

---

[1] also etwa die Abgasemission oder auch die Möglichkeit der Wiederverwertung nach Ablauf der Nutzung des KfZ's

beziehung zwischen beiden entweder komplementär, oder aber auch konfliktär sein. Im ersten Fall erübrigt sich die Anwendung der Nutzwertanalyse für das Entscheidungsproblem "Umweltschutzinvestition". In letzterer Situation dagegen scheint die Nutzwertanalyse ein geeignetes Instrument, da durch sie im Rahmen der Zielgewichtung ein Ausgleich zwischen beiden Zielsetzungen gefunden werden kann.

2. Informationsgehalt

a) Inhalt der Prüfung des Informationsgehalts des Modells

Hier steht die Frage der Informationsverarbeitungsfähigkeit der Bewertungsmodelle im Vordergrund. Diese wird einerseits anhand der einfließenden Eingangsinformationen analysiert, andererseits wird sie anhand der sich anschließenden Verarbeitung dieser Informationen durch die Bewertungsmethoden beurteilt. Der Informationsgehalt eines Modells steigt also mit wachsender Anzahl und Qualität der Eingangsinformation. Wobei diese Aussage nur dann gilt, wenn die Information auch tatsächlich vom Modell verarbeitet wird, und wenn bei den syntaktischen Umformungen so wenig als möglich Information verloren geht. Denn Modelle werden immer "Informationsfilter" sein, nur sollten Informationsverluste, die durch Vereinfachungen des Modells - beispielsweise durch Linearisierungen - auftreten, möglichst vermieden werden.

Für den Aussagegehalt eines Bewertungsmodells ist weiterhin die Frage maßgeblich, inwieweit das Modellergebnis bei der Entscheidung von dem Bewertungsträger als solches erkannt und verarbeitet wird. Dabei kann die Funktion von Modellen in eine analytische und eine heuristische unterteilt werden. Die analytische Funktion besteht darin, daß erst durch die Anwendung von Modellen bereits vorhandene Informationen subjektiv erkennbar werden. Als heuristische Funktion von Modellen bezeichnet man das Aufdecken von logischen Zusammenhängen des Problems.

b) Informationsgehalt des Modellergebnisses

Wie in C.II.3.a) ausgeführt wurde, gibt es keine allgemeine Übereinstimmung über die Anzahl im Nutzwertmodell zu berücksichtigender Kriterien. Mit steigender Kriterienanzahl steigt der Umfang der Eingangsinformation. Im allgemeinen wird er damit bei der Nutzwertanalyse größer sein als bei den herkömmlichen Investitionsrechnungen, bei denen jeweils nur ein Kriterium berücksichtigt wird. Durch die besondere Bedeutung der Umweltschutzgesetzgebung für die Beurteilung von Umweltschutzinvestitionen, die sich i.d.R. zwar auf quantifizierbare, jedoch nicht monetär quantifizierbare Tatbestände bezieht, scheint die Möglichkeit der Nutzwertanalyse, auch nichtmonetär quantifizierte Größen zu verarbeiten, von großem Vorteil zu sein.[1] Der Anzahl zu berücksichtigender Kriterien sind jedoch gewisse Obergrenzen gesetzt.[2] Diese resultieren zum einen daraus, daß mit zunehmender Kriterienzahl der Aufwand für die Ermittlung und Bewertung zielrelevanter Konsequenzen wächst und schließlich auch nicht mehr durch die Verbesserung der Entscheidungsgrundlage wegen des größeren Informationsgehaltes zu rechtfertigen ist. Zum anderen sind der Kriterienzahl dadurch Grenzen gesetzt, daß mit wachsender Kriterienzahl eine klare Abgrenzung der einzelnen Kriterien immer schwieriger wird, und sich technologische sowie nutzenmäßige Abhängigkeiten zwischen den Kriterien kaum mehr vermeiden lassen.

---

[1] die Möglichkeiten der NWA zur Berücksichtigung staatlicherseits erlassener Grenzwerte durch Ober- bzw. Untergrenzen der Intervalle in die die Kriterienausprägungen fallen können, sowie die Möglichkeit der Verarbeitung vom Staat bestimmter Schädlichkeitsklassen in den Zielgewichten wurde in Abschn. C.II.3.b) ausführlich behandelt

[2] vgl. zur Auseinandersetzung über die optimale Kriterienzahl Dreyer, 1974, S. 260 f., oder auch Strebel 1978, S. 2182 f.

Neben dem quantitativen Ausmaß der in das Kalkül einfließenden Information sind für den Informationsgehalt eines Modells auch die Anforderungen, die das Modell an die Qualität der Eingangsinformation stellt, von Bedeutung. So führt die höhere Anzahl der zu berücksichtigenden Kriterien nicht zu einem höheren Informationsgehalt, wenn die diese Kriterien betreffende Information unpräzise und unbestimmt ist. Es müssen also Meßvorschriften, anhand derer die Kriterienwerte bestimmt werden können, existieren. Hierbei werden in der Literatur i.a. die geringen Anforderungen der Nutzwertanalyse an die Eingabedaten - die Nutzwertanalyse begnügt sich mit Intervallschätzungen für die Eingabedaten im Gegensatz zu den Punktschätzungen bei den traditionellen Investitionsrechenverfahren - positiv beurteilt.[1] Diese positive Einschätzung mag aus Sicht der Implementierungseignung gerechtfertigt erscheinen, unter dem Gesichtspunkt des Informationsgehaltes allerdings sind die geringen Anforderungen an die Eingabedaten negativ zu beurteilen. Besonders gravierend wird dieser Informationsverlust an den Grenzen der Intervalle, an denen "Sprünge" auftreten. Dort können geringe Verschiebungen der prognostizierten Alternativenwirkungen zu relativ hohen Nutzendifferenzen führen.

Zur Beurteilung des Informationsgehaltes eines Modells gehört auch die Frage, inwieweit das Modell in der Lage ist, die unüberwindbare Ungewißheit der Zukunft zu verarbeiten. Durch die Ungewißheit der Zukunft kann bei der Beurteilung der sachlich-zeitlichen Wirkungen der Alternativen nicht von eindeutigen Größen ausgegangen werden.

---

[1] vgl. Strebel, 1978, S. 2186

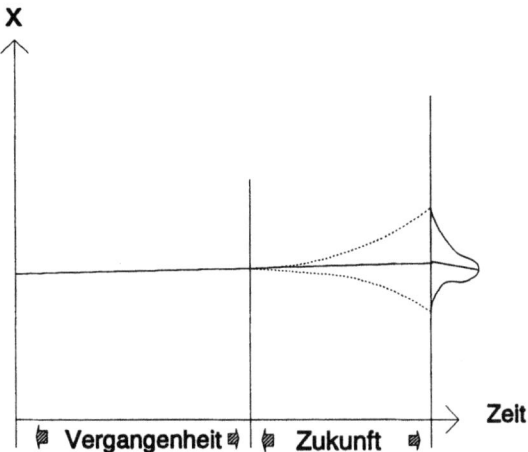

Abb. 16: Darstellung der Wirkung der Ungewißheit bei der Prognose eines bewertungsrelevanten Einflußfaktors x
Quelle: Zangemeister, 1971, S. 298

Insbesondere bei Umweltschutzinvestitionen stellt diese Unvollständigkeit, Unbestimmtheit und Unsicherheit der Information einen wesentlichen Tatbestand dar.[1] Grundsätzlich kann der Entscheidungsträger dem Rechnung tragen, indem er:
- Empfindlichkeitsanalysen durchführt
- die Schätzwerte vorsichtig angibt
- oder drei Werte schätzt, und zwar
  - einen optimistischen
  - einen wahrscheinlichen und
  - einen pessimistischen;

  für jede Alternative läßt sich dann ein optimistischer, wahrscheinlicher und pessimistischer Zielertrag und damit auch Zielwert ermitteln.

Die Durchführung von Empfindlichkeitsanalysen bei

---

[1] vgl. Abschn.B.III.1.

stellt.[1] Die Nutzwertanalyse kann auch mit vorsichtigen Schätzwerten simuliert werden, und für das Rechnen mit optimalem, wahrscheinlichem und pessimistischem Wert schlägt Rürup[2] vor, die errechneten Nutzwerte aufzusummieren und als den mittleren Nutzwert das einfache oder gewichtete arithmetische Mittel zu wählen. Ebenso ist die quantitative Einbeziehung der Unsicherheit in Form von Wahrscheinlichkeiten bzw. Wahrscheinlichkeitsverteilungen in die Nutzwertanalyse möglich, wie Zangemeister aufzeigt.[3] Somit bleibt festzuhalten, daß es grundsätzlich möglich ist, die unvollkommene Information im Rahmen der Nutzwertanalyse zu berücksichtigen.

Als erster Schritt der Verarbeitung der Eingangsinformation kann die Bildung von Intensitätsklassen angesehen werden. Die Bestimmung der Intensitätsklassen aus den möglichen Intensitäten erfolgt durch die Bildung von Intervallen mit als gleichwertig befundener Intensitäten. Die Zahl der Intensitätsklassen hängt dabei wesentlich von der Fähigkeit des Entscheidungsträgers, verschiedene Intensitäten zu unterscheiden, ab, und v.a. diese dann auch differenziert zu bewerten. Eine geringe Anzahl von Intensitätsklassen kann zu Informationsverlusten führen. Allerdings stellte Dreyer[4] in Simulationen fest, daß eine über zehn Intensitätsklassen hinausgehende Differenzierung keinen zusätzlichen Nutzen erbringt, und damit "die Verwendung ausreichend differenzierender, stückweise konstanter Nutzenfunktionen ein für die praktische Anwendung der Nutzwertanalyse akzeptables Vorgehen darstellt"[5].

Mit der Frage nach der Anzahl der zu bildenden Intensitätsklassen stellt sich auch die Frage nach der

---

[1] vgl. Abschn.C.II.3.eb)
[2] vgl. Rürup, 1982, S. 111
[3] vgl. Zangemeister, 1971, S,. 303 ff.; er stellt zwar das formale Vorgehen dazu dar, rät aber von einer Berücksichtigung in der Praxis ab
[4] vgl. Dreyer, 1975, S. 57 ff.
[5] Dreyer, 1974, S. 77

Größe dieser Intensitätsklassen, die im Vorfeld einer Nutzwertanalyse geklärt werden muß. Und dies sowohl für die ökologischen als auch für die ökonomischen Kriterien. Ein eindeutiger Informationsverlust liegt vor, wenn kardinal gemessene Kriterienwerte zu Klassen zusammengefaßt werden. Dies resultiert aus der nivellierenden Wirkung der Klassenbildung, die darin besteht, daß unterschiedliche Alternativenausprägungen den gleichen Wert zugeordnet bekommen. Allerdings ist dieser Informationsverlust solange nicht von Nachteil, wie er nicht zu einer Veränderung der Rangfolge der Alternativen führt.[1]

Zu erheblichen Einschränkungen des Informationsgehaltes des Modellergebnisses kann die strenge Beachtung der zur Wertaggregation unterstellten Nutzenunabhängigkeit der Zielkriterien führen. Wie bereits ausgeführt besagt diese, daß die Zuordnung eines Zielwertes auf der Grundlage eines Zielertrages unabhängig von den übrigen Zielerträgen durchgeführt werden kann. Versucht der Entscheidungsträger derartige Interdependenzen dadurch auszuschalten, daß er Zielkriterien umformuliert bzw. eliminiert[2], kann das dazu führen, daß entscheidungsrelevante Aspekte vernachlässigt werden, und die Nutzwertanalyse nicht mehr den realen Sachverhalt abbildet. Der Grad der Homomorphie verkleinert sich somit und kann dazu führen, daß die Alternativen in eine andere Reihenfolge gebracht werden, als sie unter der Einbeziehung der eliminierten Ziele gebracht würden[3]. Die Gefahr von Fehlentscheidungen aufgrund eines unvollkommenen Zielsystems verdeutlicht Quade[4], wenn er schreibt:

"It is more important to chose the 'right' objectives than it is to make the 'right' choice between alternatives. The choice of the wrong alternative

---

[1] vgl. auch die Anmerkungen oben zu der Simulation von Dreyer
[2] vgl. Thormählen, 1977, S. 640 f.
[3] vgl. Thormählen, 1977, S. 640 f.
[4] Quade, 1968, S. 39

may merely mean that something less than the 'best' system is being chosen. ...But the wrong objectives means that the wrong problem is being solved."

Eine strikte Beachtung der Nutzenunabhängigkeit der Kriterien würde i.d.R. auch bedeuten, daß entgegen der Vorgehensweise im Beispielsfall[1] erfolgszielbezogene Kriterien isoliert zu untersuchen sind. Diese stehen nämlich fast immer zu einer, oder mehreren der übrigen Zielkriterien in Interdependenz.[2] Werden deswegen die Auswirkungen der Alternativen auf die Erfolgsziele außerhalb der Nutzwertanalyse berücksichtigt, so kann dies dazu führen, daß es nicht möglich ist, die Alternativen in eine eindeutige Präferenzordnung zu bringen. Die Funktion des Entscheidungsmodells als Entscheidungshilfe und zur Komplexitätsreduktion ist damit erheblich eingeschränkt. Viele Autoren[3] bezeichnen die Nutzwertanalyse daher auch als nur "partielle" Entscheidungshilfe.

Allerdings herrscht in der Literatur keine Einigkeit, darüber inwieweit überhaupt eine strenge Nutzenunabhängigkeit der Kriterien gewährleistet sein muß, um aussagekräftige Ergebnisse einer Nutzwertanalyse zu erhalten. So ist Rürup der Ansicht, daß die Nutzwertanalyse bei Vernachlässigung des Nutzenunabhängigkeitspostulats immer mit einem konzeptionellen und faktisch nicht abzuschätzenden Fehler gekoppelt ist.[4] Zangemeister hält dem entgegen, daß bereits die Erfüllung einer bedingten Nutzenunabhängigkeit ausreicht, um ein aussagekräftiges Ergebnis der Nutzwertanalyse zu erhalten.[5] Als bedingte Nutzenunabhängigkeit bezeichnet er den Fall, daß die Zielerträge nur innerhalb bestimmter Sollgrenzen unabhängig voneinander bewertbar sein

---

[1] vgl. Abschn. C.II.3.ab)
[2] vgl. Thormählen, 1977, S. 642
[3] vgl. Thormählen, 1977, S. 643; Blohm/Lüder, 1991, S. 195
[4] vgl. Rürup, 1982, S. 144
[5] vgl. Zangemeister, 1971, S. 275

müssen. Außerhalb dieser Sollgrenzen besteht dann keine Nutzenunabhängigkeit.[1]

Für einen weiteren Schritt der Informationsverarbeitung im Rahmen der Nutzwertanalyse, die Wertsynthese, wurde bereits festgestellt[2], daß das Ergebnis dieser Wertsynthese nur dann aussagekräftig ist, wenn kardinale Meßbarkeit der Präferenzordunung gewährleistet ist, bzw. wenn den ordinalen Präferenzordnungen "gewisse kardinale Eigenschaften" unterstellt werden. Bei kardinaler Meßbarkeit der Präferenzordnungen lassen sich alle Zielwerte auf kardinalen Skalen abbilden. Diese können in Intervallskalen, Differenzskalen, Verhältnisskalen und absolut fixierte Kardinalskalen untergliedert werden.[3] Der wesentliche Unterschied der für einzelne Kriterien gültigen Skalen liegt in dem festgelegten Nullpunkt und in den Abständen der Maß-(Bewertungs-)einheiten. Zur Wertsynthese sind lineare oder multiplikative Transformationen der Skalen notwendig, da die einzelnen Zielwertskalen sonst nicht vergleichbar sind.[4] Es muß also eine Umskalierung stattfinden, durch die allen Zielwertskalen die gleiche Bewertungseinheit zugrunde gelegt wird.[5] Dabei geht Information verloren.

Eine weitere Gefahr von Informationsverlusten bei der Verarbeitung der Eingangsinformationen durch das Modell besteht durch die Annahme konstanter Zielgewichte. Diese Annahme bedeutet, daß von konstanten Grenznutzen je Ziel ausgegangen wird. Abnehmende oder zunehmende Grenznutzenverläufe bleiben somit unberücksichtigt. Daß diese Vereinfachung eine Fehlerquelle ist, die zu falschen Ergebnissen führen kann, zeigt Scheller[6] auf.

---

[1] vgl. dazu Baumann, 1979, S. 29 mit Beispielen
[2] vgl. C.II.3.d)
[3] vgl. Gäfgen, 1974, S.144 f.
[4] vgl. Zangemeister, 1971, S. 80
[5] vgl. dazu ausführlich Eekhoff, 1973, S. 99 f.
[6] vgl. Scheller, 1974, S. 106 f.

3. Implementierungseignung

a) Determinanten der Implementierungseignung

Hierunter versteht man die Eigenschaft von Bewertungsmodellen, sich mehr oder weniger leicht in reale Entscheidungsvorbereitungen einbetten zu lassen. Eine wichtige Rolle spielt dabei der Ressourcenbedarf des anzuwendenden Modells. Dieser setzt sich im wesentlichen aus dem für die Modellanwendung benötigten Informationsbedarf und den bei der Verarbeitung benötigten Ressourcen zur Methoden- und Modellanwendung zusammen. Wobei letzteres vor allem eine Frage des Vorhandenseins technischer Hilfsmittel in ausreichender Kapazität und geeigneter Fachleute ist. Abhilfe können im Falle fehlender Fachleute Fortbildungsmaßnahmen oder externe Berater schaffen.

Ein zweiter Punkt der Implementierungseignung ist die Akzeptanz der Lösung durch die Bewertungsträger. Diese steigt nach einer These im Rahmen des "Decision Calculus"[1] mit zunehmender Strukturähnlichkeit von Bewertungsmodell und Problemlösungsverhalten des Bewertungsträgers. Damit werden Lösungen insbesondere dann akzeptiert, wenn die Bewertungsmodelle nur eine "überschaubare Zahl von Elementen enthalten, deren Beziehungen relativ einfach sind, der Informationsbedarf quantitativ nicht zu umfangreich und qualitativ nicht zu anspruchsvoll ist"[2]. Bei Nichterfüllung dieser Bedingungen können auch hier Aus- und Weiterbildungsmaßnahmen die Implementierungschancen, auch von komplizierten Bewertungsmodellen, vergrößern.

b) Implementierungseignung des Modells

Die Frage des Ressourcenbedarfes für den Einsatz der Nutzwertanalyse zur Beurteilung von Umweltschutz-

---

[1] vgl. Little, 1969/70, S. 124
[2] Schirmeister, 1981, S. 80

investitionen kann nicht eindeutig beantwortet werden. Einerseits sind sehr viele Informationen notwendig, da die Nutzwertanalyse nur unter bekannten Alternativen auswählt, und somit eine unzureichende informatorische Fundierung im Vorfeld der Nutzwertanalyse dazu führen kann, daß eine optimale Alternative unberücksichtigt bleibt. Andererseits reichen für Nutzwertanalysen Intervallprognosen, im Gegensatz zu Punktprognosen aus[1], denen dann intervallweise Nutzenindizes zugeordnet werden.[2]

Der Ressourcenbedarf ist vor allem dann sehr hoch, wenn alle Prämissen der Anwendung der Nutzwertanalyse erfüllt werden sollen.[3] Dies gilt etwa für die vollständige Eliminierung von Abhängigkeiten zwischen Einzelnutzenfunktionen, für die Offenlegung und Beseitigung von Inkonsistenzen sowie die genaue Art der Aggregation der Einzelnutzenfunktionen.[4]

Die eigentliche Verarbeitung der Eingangsinformationen stellt keine hohen Anforderungen sowohl in personeller als auch technischer Hinsicht dar. Es kann also i.a. davon ausgegangen werden, daß der formalisierte Ablauf der Nutzwertanalyse von jeder Unternehmung bewältigt wird.

Der letzte Aspekt der Implementierungseignung betrifft die Frage der Akzeptanz der durch die Nutzwertanalyse gefundenen Lösung durch den Bewertungsträger. Für die Akzeptanz durch die Bewertungsträger spricht, daß in der Praxis auch bisher bei gleichzeitiger Beachtung mehrerer Zielsetzungen eine Art Nutzwertanalyse durchgeführt wurde, wie die Diskussion um die Berück-

---

[1] vgl. Strebel, 1975, S. 40
[2] auf die Gefahr des Informationsverlustes wurde weiter oben bereits verwiesen
[3] vgl. Strebel, 1978, S. 2185
[4] vgl. Jaeger, 1989, S. 1202; vgl. auch Strebel, 1978, S. 2185, der auf ein von Churchman/Ackof vorgeschlagenes Iterationsverfahren zur Bestimmung von Kriteriengewichten mit Verhältnisskalenniveau verweist; vgl. Churchman u.a., 1971, S. 167 ff.

sichtigung von Imponderabilien zeigt.[1] Wenn dies auch meist ohne vorher festgelegte Regeln und teilweise unbewußt geschieht.[2] So wird auch von Praktikern zugegeben, "daß sie bei ihren Entscheidungen im Grunde die Prinzipien der Scoring-Modelle berücksichtigen"[3].

Die Akzeptanz des Nutzwertanalyseergebnisses kann auch durch die Einbeziehung einer großen Personenzahl in den Bewertungsvorgang gesteigert werden. Vor allem durch das Einfließen der persönlichen Interessen der Beteiligten in den Bewertungsschritten der Nutzwertanalyse und durch mehrfach wiederholte Bewertungen läßt sich die Überzeugungskraft der Ergebnisse steigern.[4] Dadurch können dann auch persönliche Erfahrungen, Augenmaß und Intuition Eingang in die Nutzwertanalyse finden[5], und zwar in allen Teilschritten der Analyse. So können Zielkriterien, da sie subjektiv für entscheidungsirrelevant gehalten werden, aus der Betrachtung ausgeschlossen werden, andere dagegen extra aufgestellt und mit in die Entscheidungsvorbereitung einbezogen werden. Besonders im Rahmen der Kriteriengewichtung kann der Bewertungsträger seine persönlichen Wertvorstellungen einfließen lassen, indem er entsprechend mehr oder weniger Prozentpunkte auf das jeweilige Zielkriterium verteilt. Damit können die bei jeder komplexen Entscheidung enthaltenen subjektiven Momente, die i.d.R. gedanklich unkontrolliert und nicht sichtbar in die Entscheidungsfindung eingehen, mit einem festen Stellenwert und einem fixierten Standort, d.h. gedanklich kontrolliert, sachlich begründet und bezüglich aller Zielkriterien sichtbar in der Nutzwertanalyse berücksichtigt werden.[6]

---

[1] vgl. Schwarz, 1960, S. 90 ff.
[2] vgl. Strebel, 1978, S. 2186
[3] Strebel, 1978, S. 2186
[4] vgl. Bechmann, 1978, S. 40
[5] vgl. ebenda, S. 41
[6] vgl. Scheller, 1974, S. 101; vgl. auch Rürup, 1982, S.112, der darauf hinweist, daß bei der Nutzwertanalyse die Wertentscheidungen offengelegt werden, im Gegensatz zur Nutzen-Kosten-
(Fortsetzung...)

Allerdings kann sich der Vorteil der Berücksichtigung von subjektiven Momenten auch nachteilig auswirken. Und zwar dadurch, daß die Nutzwertanalyseergebnisse bei der Formulierung und Aufstellung der Zielkriterien, der Zielkriteriengewichtung und der Zielertragsbewertung manipulierbar sind.[1] Beispielsweise kann der Entscheidungsträger ein und dasselbe Zielkriterium verschiedenartig benennen und mit in das Zielprogramm aufnehmen. Dadurch erfolgt eine Überbetonung dieses Kriteriums, die das Gesamtergebnis verfälschen kann. Und umgekehrt ist auch die bewußte Vernachlässigung von Zielkriterien denkbar.[2] Eine weitere Manipulationsmöglichkeit besteht darin, daß Kriterien aufgenommen werden, von denen angenommen wird, daß sie von einer Alternative nicht erfüllt werden können. Auch die bewußte Berücksichtigung von interdependenten Zielkriterien kann zur Manipulation des Nutzwertergebnisses mißbraucht werden. Überdies kann durch die Über- bzw. Unterbewertung von Gewichten oder auch von Zielerträgen eine Manipulation erfolgen.[3]

Positiv auf die Akzeptanz des Nutzwertergebnisses dürfte sich auch die Einsichtigkeit des Ergebnisses auswirken. So bewirkt die starke Aggregierung der einfließenden Informationen zu einem einzigen Nutzwert, daß der Bewertungsträger das Ergebnis unmittelbar ablesen kann. Dies kommt der begrenzten Informationsverarbeitungsfähigkeit des Menschen sehr entgegen.

(...Fortsetzung)
Analyse, die mit ihrem Versuch der Monetarisierung von Nutzen und Kosten eine nicht vorhandene Objektivität bzw. Wertfreiheit suggeriert

[1] vgl. Scheller, 1974, S. 106 f.
[2] vgl. Thormählen, 1977, S. 641, der davon spricht, daß der Auswahlvorgang zwischen den Alternativen eigentlich schon bei der Auswahl der Zielsetzungen erfolgt
[3] vgl. Thormählen 1977, S. 644

D. Zusammenfassung und Ausblick

Das Ziel einer möglichst geringen Belastung der Umwelt gewinnt zunehmend an Bedeutung für die Zielkonzeption der Unternehmung. Auch in Zukunft ist mit einer steigenden Relevanz des Umweltschutzes für die Unternehmungsführung und damit auch mit einer weiter wachsenden Zahl von Umweltschutzinvestitionen zu rechnen. Vor diesem Hintergrund wird auch die Bedeutung von Bewertungsmodellen, die der investitionsrechnerischen Beurteilung von Umweltschutzinvestitionen unter erfolgswirtschaftlichen und ökologischen Aspekten dienen können, weiter zunehmen.

Die Bewertungsmodelle können unterteilt werden in zahlungsorientierte und nutzentheoretische Modelle. Zu ersterer Kategorie zählen die klassischen Investitionsrechnungen und deren Erweiterungen. Es konnte gezeigt werden, daß diese nur solange dem Entscheidungsträger eine Entscheidungshilfe sind, wie dieser eine defensive Strategie verfolgt; d.h. solange er sich immer nur gezwungenermaßen an bereits gemachte Vorgaben des Staates anpaßt. Verfolgt die Unternehmung jedoch eine offensive Strategie, d.h. sie übererfüllt staatliche Umweltschutzanforderungen freiwillig, dann greifen die zahlungsorientierten Bewertungsmodelle, d.h. also auch mögliche Erweiterungen der klassischen Investitionsrechnungen, regelmäßig zu kurz. Das Versagen dieser Bewertungsmodelle ist dabei im wesentlichen darauf zurückzuführen, daß es nicht gelingt, den Nutzen von Umweltschutzinvestitionen zu monetarisieren.

Wird auf eine Monetarisierung des Nutzens von Umweltschutzinvestitionen verzichtet, so bieten sich als Entscheidungshilfe auf den theoretischen Grundlagen der Nutzwertanalyse basierende Modelle, die die Zielwirksamkeit mehrerer Alternativen im Hinblick auf eine Vielzahl entscheidungsrelevanter Zielkriterien unterschiedlicher Dimension ermitteln, als Entscheidungshilfe an. Im Rahmen der Validitätsprüfung ergab sich, daß in einer Konfliktsituation, wie sie die Berücksichtigung des Umweltschutzes und das Erfolgsstreben darstellen können, die Fähigkeit derartiger Modelle, mehrere Zielkriterien unterschiedlicher Dimension zu verarbeiten, von wesentlicher Bedeutung ist. Über die Zielgewichtung ermöglichen sie es, einen Ausgleich zwischen den konkurrierenden Zielsetzungen zu finden.

Als weiterer Vorteil der Nutzwertanalyse erwies sich, daß der Informationsgehalt des Modellergebnisses durch die Möglichkeit, den Tatbestand der unvollkommenen Information sowohl quantitativ als auch qualitativ zu berücksichtigen, erheblich gesteigert werden kann. Ein Vorteil, dem gerade vor dem Hintergrund des stark unvollkommenen Informationsstandes bei der Entscheidung über Umweltschutzinvestitionen besonderes Gewicht zukommt.

Hinsichtlich der Implementierungseignung wurde deutlich, daß bedingt durch den einfachen Aufbau des Modells keine hohen Anforderungen an die Qualifikation des Modellanwenders gestellt werden. Die Akzeptanz des Ergebnisses nutzwertanalytischer Modelle kann durch die Partizipation der Betroffenen gesteigert werden. Zur Steigerung der Akzeptanz des Ergebnisses trägt ganz generell der Umstand bei, daß der Entscheidungsträger an verschiedenen Stellen - so z.B. bei der Gewichtung der Zielkriterien oder auch bei der Transformation der Zielerträge - in Zielwerte seine subjektiven Präferenzen einfließen lassen kann.

Hierin liegt aber gleichzeitig auch ein wesentliches Problem solcher Modelle. Man spricht davon, daß ihre Ergebnisse der subjektiven Formalrationalität unterliegen, d.h., daß die Vorgehensweise zwar formallogisch richtig erfolgt, aber die Informationen über den Entscheidungssachverhalt nur subjektiv wiedergegeben werden. Damit sind die Ergebnisse verschiedener Entscheidungsträger kaum miteinander vergleichbar. Durch die subjektive Ausrichtung des Verfahrens ist eine starke Manipulierbarkeit der Ergebnisse gegeben. Deshalb sollten auch die Zielertragsskalen an den vom Gesetzgeber erlassenen Grenzwerten ausgerichtet sein. Ebenso muß für die Auswahl der Zielkriterien für einzelne Probleme eine gewisse Standardisierung gefordert werden.

Der Informationsgehalt des Bewertungsmodells nimmt ab, wenn, um Abhängigkeiten zu vermeiden, Kriterien unberücksichtigt bleiben. Auch die Verwendung stückweise-konstanter Transformationsfunktionen für die Umwandlung der Zielerreichungsgrade in Teilnutzen führt zur Vernachlässigung von Eingangsinformation und damit zur Verringerung des Informationsgehaltes des Analyseergebnisses.

Insgesamt bleibt festzuhalten, daß auf der Nutzwertanalyse aufbauende Modelle eine multidimensionale Beurteilung von Umweltschutzinvestitionen ermöglichen. Wenn derartige Modelle auch nicht unbedingt - gemessen an wissenschaftlich begründbaren Erfordernissen - zu einer objektiv "richtigen" Entscheidung führen, so liefern sie dem Entscheidungsträger doch einen Anhaltspunkt, um einen Ausgleich zwischen erfolgswirtschaftlichen Aspekten und Belangen des Umweltschutzes zu finden.

Anhang

Anhang 1: Berechnung der Kapitalwerte C.I.1.b)

Periode	Ausgaben a_t	Einnahmen e_t	Nettozahlungen c_t	Abschreibung D_t	Steuerzahlung $s(c_t - D_t)$	Nettoz.n.St.	Abzinsungsfaktor	Barwert C
t_0	2 850 000		-2 850 000		0	-2 850 000	1,0000	-2 850 000
t_1	4 331 200	4 788 000	456 800	1 710 000	-626 600	1 083 400	0,9756	1 056 965
t_2	4 731 200	4 788 000	56 800	285 000	-114 100	170 900	0,9518	162 662
t_3	4 331 200	4 788 000	456 800	285 000	85 900	370 900	0,9285	344 380
t_4	4 731 200	4 788 000	56 800	285 000	-114 100	170 900	0,9059	155 090
t_5	4 331 200	4 788 000	456 800	285 000	85 900	370 900	0,8838	327 801
t_6	4 731 200	4 788 000	56 800	-	28 400	28 400	0,8622	24 486
t_7	4 331 200	4 788 000	456 800	-	228 400	228 400	0,8412	192 130
t_8	4 731 200	4 788 000	56 800	-	28 400	28 400	0,8207	23 307
t_9	4 331 200	4 788 000	456 800	-	228 400	228 400	0,8007	182 879
t_{10}	4 731 200	4 788 000	56 800	-	28 400	28 400	0,7811	22 183
t_{11}	4 331 200	4 788 000	456 800	-	228 400	228 400	0,7621	174 063
t_{12}	4 731 200	4 788 000	56 800	-	28 400	28 400	0,7435	21 115
t_{13}	4 331 200	4 788 000	456 800	-	228 400	228 400	0,7254	165 681
t_{14}	4 731 200	4 788 000	56 800	-	28 400	28 400	0,7077	20 098
t_{15}	4 331 200	4 788 000	456 800	-	228 400	228 400	0,6904	157 687
Σ								C_A = 180 527

Periode	Ausgaben a_t	Einnahmen e_t	Nettozahlungen c_t	Abschreibung D_t	Steuerzahlung $s(c_t - D_t)$	Nettoz.n.St.	Abzinsungs-faktor	Barwert C
t_0	2 390 000		-2 390 000		0	-2 390 000	1,0000	-2 390 000
t_1	1 618 000	472 000	-1 146 000	1 434 000	-1 290 000	144 000	0,9756	140 486
t_2	1 618 000	472 000	-1 146 000	239 000	-692 500	-453 000	0,9518	-431 165
t_3	1 618 000	472 000	-1 146 000	239 000	-692 500	-453 000	0,9285	-420 610
t_4	1 618 000	472 000	-1 146 000	239 000	-692 500	-453 000	0,9059	-410 372
t_5	1 618 000	472 000	-1 146 000	239 000	-692 500	-453 000	0,8838	-400 361
t_6	1 618 000	472 000	-1 146 000	-	-573 000	-573 000	0,8622	-494 040
t_7	1 618 000	472 000	-1 146 000	-	-573 000	-573 000	0,8412	-482 007
t_8	1 618 000	472 000	-1 146 000	-	-573 000	-573 000	0,8207	-470 261
t_9	1 618 000	472 000	-1 146 000	-	-573 000	-573 000	0,8007	-458 801
t_{10}	1 618 000	472 000	-1 146 000	-	-573 000	-573 000	0,7811	-447 570
t_{11}	1 618 000	472 000	-1 146 000	-	-573 000	-573 000	0,7621	-436 683
t_{12}	1 618 000	472 000	-1 146 000	-	-573 000	-573 000	0,7435	-426 025
t_{13}	1 618 000	472 000	-1 146 000	-	-573 000	-573 000	0,7254	-415 654
t_{14}	1 618 000	472 000	-1 146 000	-	-573 000	-573 000	0,7077	-405 512
t_{15}	1 618 000	472 000	-1 146 000	-	-573 000	-573 000	0,6904	-395 599
Σ								C_B = -8 344 174

153

Anhang 2: Berechnung der Kapitalwerte C.I.2.a)

Periode	Ausgaben a_t	Einnahmen e_t	Nettozahlungen c_t	Abschreibung D_t	Steuerzahlung $s(c_t - D_t)$	Nettoz. n. St.	Abzinsungs-faktor	Barwert C
t_0	2 850 000		-2 850 000		0	-2 850 000	1,0000	-2 850 000
t_1	4 331 200	4 788 000	456 800	190 000	133 400	323 400	0,9756	315 509
t_2	4 731 200	4 788 000	56 800	190 000	-66 600	123 400	0,9518	117 452
t_3	4 331 200	4 788 000	456 800	190 000	133 400	323 400	0,9285	300 276
t_4	4 731 200	4 788 000	56 800	190 000	-66 600	123 400	0,9059	111 788
t_5	4 331 200	4 788 000	456 800	190 000	133 400	323 400	0,8838	285 820
t_6	4 731 200	4 788 000	56 800	190 000	-66 600	123 400	0,8622	106 395
t_7	4 331 200	4 788 000	456 800	190 000	133 400	323 400	0,8412	272 044
t_8	4 731 200	4 788 000	56 800	190 000	-66 600	123 400	0,8207	101 274
t_9	4 331 200	4 788 000	456 800	190 000	133 400	323 400	0,8007	258 946
t_{10}	4 731 200	4 788 000	56 800	190 000	-66 000	123 400	0,7811	96 387
t_{11}	4 331 200	4 788 000	456 800	190 000	133 400	323 400	0,7621	246 463
t_{12}	4 731 200	4 788 000	56 800	190 000	-66 600	123 400	0,7435	91 747
t_{13}	4 331 200	4 788 000	456 800	190 000	133 400	323 400	0,7254	240 447
t_{14}	4 731 200	4 788 000	56 800	190 000	-66 600	123 400	0,7077	87 330
t_{15}	4 331 200	4 788 000	456 800	190 000	133 400	323 400	0,6904	223 275
Σ								C'_A = 5 153

Periode	Ausgaben a_t	Einnahmen e_t	Nettozahlungen c_t	Abschreibung D_t	Steuerzahlung $s(c_t-D_t)$	Nettoz.n.St.	Abzinsungsfaktor	Barwert C
t_0	2 390 000		-2 390 000		0	-2 390 000	1,0000	-2 390 000
t_1	1 618 000	472 000	-1 146 000	159 333	-652 666	-493 334	0,9756	-481 296
t_2	1 618 000	472 000	-1 146 000	159 333	-652 666	-493 334	0,9518	-469 555
t_3	1 618 000	472 000	-1 146 000	159 333	-652 666	-493 334	0,9285	-458 060
t_4	1 618 000	472 000	-1 146 000	159 333	-652 666	-493 334	0,9059	-446 911
t_5	1 618 000	472 000	-1 146 000	159 333	-652 666	-493 334	0,8838	-436 008
t_6	1 618 000	472 000	-1 146 000	159 333	-652 666	-493 334	0,8622	-425 352
t_7	1 618 000	472 000	-1 146 000	159 333	-652 666	-493 334	0,8412	-414 992
t_8	1 618 000	472 000	-1 146 000	159 333	-652 666	-493 334	0,8207	-404 879
t_9	1 618 000	472 000	-1 146 000	159 333	-652 666	-493 334	0,8007	-395 012
t_{10}	1 618 000	472 000	-1 146 000	159 333	-652 666	-493 334	0,7811	-385 343
t_{11}	1 618 000	472 000	-1 146 000	159 333	-652 666	-493 334	0,7621	-375 969
t_{12}	1 618 000	472 000	-1 146 000	159 333	-652 666	-493 334	0,7435	-366 793
t_{13}	1 618 000	472 000	-1 146 000	159 333	-652 666	-493 334	0,7254	-357 864
t_{14}	1 618 000	472 000	-1 146 000	159 333	-652 666	-493 334	0,7077	-349 132
t_{15}	1 618 000	472 000	-1 146 000	159 333	-652 666	-493 334	0,6904	-340 597
Σ								C'_B = -8 497 763

Anhang 3: Ökologische Buchhaltung Roco Conserven
Quelle: Müller-Wenk, 1978, S. 63 f.

Konto	Menge in physikalischen Maßeinheiten	Äqivalenzkoeffizient(AeK)	RE
1. *Energieverbrauch*			
1.1 Elektrizität	6 803 525 kWH	15,75 RE/MWH	107 156
1.2 Gas	43 890 m³	0,022 RE/m³	966
1.3 Heizöl, speziel	98 292 l	0,013 RE/Liter	1 278
Heizöl, mittel	1 976 780 l	0,013 RE/Liter	25 698
Heizöl, schwer	534 880 l	0,013 RE/Liter	6 953
1.4 Autobenzin	108 322 l	0,013 RE/Liter	1 408
1.5 Dieselöl	177 500 l	0,013 RE/Liter	2 308
Subtotal Energie			145 767
2. *Materialverbrauch*			
2.1 Weißblech bestehend aus:			
Eisen	2 453 800 kg	0,0388 RE/to	95
Zinn	20 700 kg	72,7 RE/kg	1 594 890
Mangan	12 435 kg	0,01565 RE/kg	195
2.2 Lötzinn bestehend aus:			
Zinn	5 239 kg	72,7 RE7kg	380 875
Blei	7 111 kg	3,1 RE/kg	22 044
2.3 Aluminium	18 787 kg	66,5 RE/to	1 249
2.4 Polyäthylen, Polystyrol	243 456 kg	0,0144 RE/kg	3 505
2.5 Polyvinylchlorid	36 917 kg	0,00654 RE/kg	241
2.6 Glas	913 468 kg	0	0
2.7 Deckel zu Gläsern, aus:			
Eisen	64 248 kg	0,0388 RE/kg	2
Zinn	400 kg	72,7 RE/kg	29 080
Mangan	310 kg	0,01565 RE/kg	5
2.8 Karton, Papier	683 166 kg	0	0
Subtotal Material			1 942 181
3. *Bodenverbrauch*	0 m²		0
4. *Feste Abfälle*			
4.1 ungiftige deponierbare	1 445 m³	0,0114 RE/to	16
5. *Abwasser*			
5.1 Phosphorgehalt	347 kg	295,32 RE/to	102 476
6. *Gasförmige Abfälle*			
6.1 Schwefeldioxid SO_2	81 000 kg	1,12 RE/to	91
6.2 Kohlenmonoxid CO	32 208 kg	61,6 RE/to	1 984
6.3 Kohlendioxid CO_2	8 245 400 kg	0,05 RE/to	412
6.4 Kohlenwasserstoffe	22 242 kg	1401 RE/to	31 161
6.5 Stickoxide	19 614 kg	37,6 RE/to	737
Subtotal Gase			34 385

Konto	Menge in physikalischen Maßeinheiten	Äqivalenzkoeffizient(AeK)	RE
7. Abwärme			
7.1 aus Elektrizität	5 851 Gcal	14,76 RE/Tcal	86
7.2 aus Gas	307 Gcal	14,76 RE/Tcal	5
7.3 aus Erdölerivaten	26 356 Gcal	14,76 RE/Tcal	389
Subtotal Abwärme			480
8. Umweltwirkungen in Haushalten			
8.1 verbrennbarer Hausmüll (resultierende Verbrennungsrückstände)	994 m³	0,0114 RE/m³	11
8.2 PVC-Abfälle (resultierendes HCl bei Verbrennung)	21 042 kg	9,72 RE/to	205
Subtotal Haushalte			216
9. Materialweiterlieferungen			
9.1 Lieferungen Leerdosen an andere Konservenfabriken bestehend aus:			
Eisen	523 490 kg	0,0388 RE/to	20
Zinn	5 520 kg	72,7 RE/kg	401 304
Mangan	2 640 kg	0,01565 RE/kg	41
Blei	1 520 kg	3,1 RE/kg	4 712
Subtotal Materialweiterlieferungen			406 077
Rekapitulation			
Energieverbrauch			145 767
Materialverbrauch			1 942 181
- Materialweiterlieferung			- 406 077
Feste Abfälle			16
Abwasser			102 476
Gasförmige Abfälle			34 385
Abwärme			480
Einwirkungen bei Haushalten			216
Totaleinwirkung			1 819 444

Literaturverzeichnis

Albach, H.: (1988)
Kosten, Transaktionen und externe Effekte im betrieblichen Rechnungswesen, in: Zeitschrift für Betriebswirtschaft, 58. Jg., 1988, Sp. 1143-1170.

Ayres, R.U.,
Kneese, A.V.: (1969)
Pollution and Environmental Quality, in: Perloft, H.S.(Hrsg.), The Quality of the urban Environment, Baltimore 1969.

Baumann, K.: (1979)
Die Anwendung nutzwertanalytischer Methoden in der Praxis. Ergebnisse einer empirischen Untersuchung in Industrie und Dienstleistungsbetrieben, Diss. Bern 1979.

Bechmann, A.: (1978)
Nutzwertanalyse, Bewertungstheorie und Planung. Bern, Stuttgart 1978.

Berthel, J.: (1967)
Informationen und Vorgänge ihrer Bearbeitung in der Unternehmung, Berlin 1967.

Bidlingmaier, J.,
Schneider, D.G.: (1976)
Ziele, Zielsysteme und Zielkonflikte, in: Grochla, Erwin/Wittmann, Waldemar (Hrsg.), Handwörterbuch der Betriebswirtschaft, Bd.3, 4.Aufl., Stuttgart 1976, Sp.4731-4740.

Bidlingmaier, J.: (1963)
Unternehmerziele und Unternehmerstrategien. Wiesbaden 1963.

Billerbeck, K.: (1968)
Kosten-Ertrags-Analyse, ein Instrument zur Rationalisierung der administrierten Allokation bei Bildungs- und Gesundheitsinvestitionen, Berlin 1968.

Binswanger, H.C.,
Bonus, H.,
Timmermann, M.: (1981)
Wirtschaft und Umwelt. Möglichkeiten einer ökologieverträglichen Wirtschaftspolitik. Stuttgart 1981.

Binswanger, H.C.: (1972)
Ökonomie und Ökologie - neue Dimensionen der Wirtschaftstheorie, Sonderdruck aus "Schweizerische Zeitschrift für Volkswirtschaft und Statistik", 108. Jg., H.3, 1972.

Blohm, H.,
Lüder, K.: (1991)
Investition: Schwachstellen im Investitionsbereich d. Industriebetriebes u. Wege zu ihrer Beseitigung, 7.Aufl., München 1991.

Brauchlin, E.: (1984)
Problemlösungs- und Entscheidungsmethodik, 2.Aufl., Bern, Stuttgart 1984

Braunschweig, A.: (1988)
Die ökologische Buchhaltung als Instrument der städtischen Umweltpolitik, Diss. St. Gallen 1988.

Brink, H.J.: (1980)
Innovationspolitik und Umweltschutz als betriebswirtschaftliches Entscheidungsproblem unter besonderer Berücksichtigung der Energieerzeugung, in: Elektrizitätsunternehmungen als Träger von Forschungs- und Entwicklungsaktivitäten und Adressaten von Technologietransfer, hrsg. von Günter Kroll/Herbert Müller Philipps Sohn, Frankfurt u.a. 1980, S.119-136.

Brink, H.-J.: (1989)
Planung des Umweltschutz, in: HWP, hrsg. von N. Szyperski, Stuttgart 1989, Sp.2044-2052.

Bundesminister
des Inneren (Hrsg.): (1973)
Das Verursacherprinzip, Möglichkeiten und Empfehlungen zur Durchsetzung, Umweltbrief Nr.1, 1973, S.6.

Churchmann, C.W.,
Ackoff, R.L.,
Arnoff, E.L.: (1971)
Operations Research, 5. Aufl., München, Wien 1963.

Corsten, H.,
Götzelmann, F.: (1992)
Abfallvermeidung und Reststoffverwertung - Eine produkt- und verfahrensorientierte Analyse, in: Betriebswirtschaftliche Forschung und Praxis 2/1992, S.103-113.

Deutsche Bank(Hrsg.): (1988)
Umweltschutz. Fakten, Prognosen, Strategien. Frankfurt a.M. 1988.

Deutscher
Bundestag: (1971)
Umweltprogramm der Bundesregierung 1971. BT-Ducksache VI/2710.

Deutscher
Bundestag: (1976)
Umweltbericht'76-Fortschreibung des Umweltprogramms der Bundesregierung vom 14.7.1971. BT-Drucksache VII/5684.

Dreyer, A.: (1975)
Nutzwertanalyse als Entscheidungsmodell bei mehrfacher Zielsetzung. Hamburg 1975.

Dreyer, A.: (1974)
Scoring-Modelle bei Mehrfachzielsetzungen - Eine Analyse des Entwicklungsstandes von Scoring-Modellen, in: ZfB 1974, S. 255-274.

Dürrschmidt, W.: (1988)
Das Konzept der mittleren Technologie: Von der Begrenzung zur Vermeidung der Schadstoffe, in: Kortenkamp, A. u.a. (Hrsg.): Die Grenzenlosigkeit der Grenzwerte - Zur Problematik eines politischen Instrumentes im Umweltschutz - Ergebnisse eines Symposiums des Öko-Instituts und der Stiftung Mittlere Technologie, Karlsruhe 1988, S.242-259

Eekhoff, J.: (1973)
Nutzen-Kosten-Analyse und Nutzwertanalyse als vollständige Entscheidungsmodelle, in: Raumforschung und Raumordnung, H. 2, 1973, S. 93-102.

Eichhorn, P.: (1972)
Umweltschutz aus der Sicht der Unternehmenspolitik, in: ZfbF, 24.Jg. (1972), S. 633-649.

Endres, A.: (1988)
Der Stand der Technik "in der Umweltpolitik", in: Wist, H.2/1988, S.83-84.

Endres, A.,
Holm, K.: (1988)
Probleme der Erfassung und Messung von Folgekosten, in: Beckenbach, Frank/-Schreyer, Michaele (Hrsg.), Gesellschaftliche Folgekosten. Was kostet unser Wirtschaftssystem?, Frankfurt a.M. 1988, S.50-59.

Endres, A.: (1978)
Ökonomische Grundlagen der Umweltpolitik - Übersicht über aktuelle umweltökonomische Bücher, in: Zeitschrift für die gesamte Staatswissenschaft, BD. 134 (1978), S. 546-572.

Endres, A.: (1985)
Umweltschutz als ökonomisches Problem, in: Gumpel, Werner (Hrsg.), Grenzüberschreitender Umweltschutz, Südosteuropa Jahrbuch, Bd.15, München 1985, S.43-49.

Ewers, H.-J.,
Schulz, W.: (1982)
Die monetären Nutzen gewässergüteverbessernder Maßnahmen - dargestellt am Beispiel des Tegeler Sees in Berlin. Pilotstudie zur Bewertung des Nutzens umweltverbessernder Maßnahmen, Umweltbundesamt, Berichte 3/82, Berlin 1982.

Feist, W.: (1984)
Energieeinsparung, in: Michelsen, Gerd/Öko-Institut (Hrsg.): Der Fischer Öko-Almanach - Daten, Fakten, Trends der Umweltdiskussion, Frankfurt 1984, S.177-187.

Freimann, J.: (1989)
Instrumente sozial-ökologischer Folgeabschätzung im Betrieb. Wiesbaden 1989.

Frey, B.S.: (1980)
Umweltökonomik, in: Albers, W. et.al.(Hrsg.), Handwörterbuch der Wirtschaftswissenschaft, Bd.8, Stuttgart, u.a.1980, S.47-58.

Fritz, W.,
Förster, F.,
Wiedmann, K.-P.,
Raffee, H.: (1988)
Unternehmensziele und strategische Unternehmensführung. Neuere Resultate der empirischen Zielforschung und ihre Bedeutung für das strategische Management und die Mangementlehre, in DBW 48 (1988) 5, S.567-586.

Fritz, W.: (1990)
Reinigung von Abgasen, 2.Aufl. Würzburg 1990.

Gäfgen, G.: (1974)
Theorie der wirtschaftlichen Entscheidung. Untersuchungen zur Logik und Bedeutung des rationalen Handelns, 3. Aufl., Tübingen 1974.

Gernert, J.: (1990)
Umweltökonomie: Investitionen, Standortentscheidungen und Arbeitsmärkte am Beispiel einzelner Industriegruppen Südwestdeutschlands. Berlin u.a. 1990.

Geyer, H.: (1980)
Öffentliche Güter, in: Albers, W. et al. (Hrsg.), Handwörterbuch der Wirtschaftswissenschaft, 3. Aufl. 5. Band, Stuttgart 1980, S. 419-431.

Görg, M.: (1981)
Recycling als umweltpolitisches Instrument der Unternehmung: Eine theoretische und empirische Analyse. Berlin 1981.

Gutenberg, E.: (1983)
Grundlagen der Betriebswirtschaftslehre. Bd.1: Die Produktion, 24. unveränderte Aufl. Berlin, Heidelberg u. New York 1983.

Hansmeyer, K.-H.: (1974)
Volkswirtschaftliche Kosten des Umweltschutzes, in: Giersch, Herbert(Hrsg.), Das Umweltproblem in ökonomischer Sicht, Symposium Tübingen 1974, S.99-115.

Hartje, V.J.,
Zimmermann, K.: (1988)
Unternehmerische Technologiewahl zur Emissionsminderung. End-of-pippe versus integrierte Technologie, Berlin 1988.

Hartkopf, G.,
Bohne, E.: (1983)
Umweltpolitik. Grundlagen, Analysen und Perspektiven, Opladen 1983.

Hauschildt, J.: (1975)
Entscheidungsziele. Zielbildung in innovativen Entscheidungsprozessen: theoretische Ansätze und empirische Prüfung, Tübingen 1977.

Heigl, A.: (1975)
Abschreibungsvergünstigungen für Umweltschutzinvestitionen, München 1975.

Heigl, A.: (1989)
Ertragsteuerliche Anreize für Investitionen in den Umweltschutz, in: Betriebswirtschaftliche Forschung und Praxis, 41.Jg. (1989), S. 66-81.

Heinen, E.: (1966)
Das Zielsystem der Unternehmung. Grundlagen betrieswirtschaftlicher Entscheidungen. Wiesbaden 1966.

Heinen, E.: (1985)
Einführung in die Betriebswirtschaftslehre. 9. Aufl., Wiesbaden 1985

Heinen, E.,
Picot, A.: (1974)
Können in betriebswirtschaftlichen Kostenauffassungen soziale Kosten berücksichtigt werden?, in: BFuP, 26.Jg.(1974), S.345-366.

Heinz, I.: (1988)
Folgekosten der Luftverschmutzung, in: Beckenbach, Frank/Schreyer, Michaele (Hrsg.), Gesellschaftliche Folgekosten. Was kostet unser Wirtschaftssystem?, Frankfurt a.M. 1988, S. 60-69.

Heller, P.W.: (1985)
Umweltpolitik auf dem Holzweg - Zur Problematik von Grenzwerten, in: Öko-Institut/Projektgruppe ökologische Wirtschaft (Hrsg.): Arbeiten im Einklang mit der Natur - Bausteine für ein ökologisches Wirtschaften, Freiburg 1985, S.132-144.

Hofmeister, S.: (1989)
Stoff- und Energiebilanzen. Zur Eignung des physischen Bilanz-Prinzips als Konzeption der Umweltplanung. Berlin 1989.

Jaeger, A.: (1989)
Multikriteria-Planung in: Szyperski, N. (Hrsg.) mit Unterstützung von Winand, U.: HWdP Stuttgart 1989, Sp. 1199-1205.

Jahnke, B.: (1986)
Betriebliches Recycling. Produktionswirtschaftliche Probleme und betriebswirtschaftliche Konsequenzen. Wiesbaden 1986.

Kemper, M.: (1989)
Das Umweltproblem in der Marktwirtschaft: wirtschaftliche Grundlagen und vergleichende Analyse umweltpolitischer Instrumente in der Luftreinhalte-und Gewässerpolitik, Berlin 1989.

Kentner, W.: (1969)
Cost-Benefit-Analyse, Grundlagen, Möglichkeiten und Grenzen, in: Berichte des deutschen Industrieinstituts zur Wirtschaftspolitik, Jg.3/1969.

Kirchgeorg, M.: (1990)
Ökologieorientiertes Unternehmensverhalten. Wiesbaden 1990.

Klemmer, P.: (1990)
Umweltschutz und Wirtschaftlichkeit: Grenzen der Belastbarkeit der Unternehmen, Berlin 1990.

Knüppel, H.: (1989)
Umweltpolitische Instrumente: Analyse der Bewertungskriterien und Aspekte einer Bewertung, Baden-Baden 1989.

Kosiol, E.: (1972)
Die Unternehmung als wirtschaftliches Aktionszentrum, 4.rev.u.erg.Aufl., Reinbek bei Hamburg 1972.

Kosiol, E.: (1961)
Modellanalyse als Grundlage unternehmerischer Entscheidung, in: ZfhF 13 (1961), S.318-334.

Kosiol, E.: (1965)
Zum Standort der Systemforschung im Rahmen der Wissenschaften, in: ZfbF 17 (1965), S.337-378.

Kotler, P.: (1982)
Marketing-Management, Analyse, Planung-und Kontrolle, 4.völlig neub. Aufl., Stuttgart 1982.

Kreilkamp, E.: (1987)
Strategisches Management und Marketing - Markt- und Wettbewerbsanalyse, strategische Frühaufklärung, Portfolio-Management, Berlin, New York 1987.

Krüger, W.: (1974)
Umweltwandel und Unternehmungsverhalten, in: ZfO, 43. Jg.(1974), Nr.2, S.62-70.

Kruschwitz, L.: (1990)
Investitionsrechnung, 4. bearb. Aufl. Berlin, New York 1990.

Kunz, P.: (1990)
Behandlung von Abwasser, 2. Aufl.. Würzburg 1990.

Lange, Ch.: (1978)
Umweltschutz und Unternehmensplanung. Die betriebliche Anpassung an den Einsatz umweltpolitischer Instrumente. Wiesbaden 1978.

Lave, L.B.,
Seskin, E.P.: (1970)
Air Pollution and Human Health, the Quantitative Effect of Air Pollution on Human Health and an Estimate of the Dollar Benefit of Pollution Abatement, in: Science, Vol.169 (1970), S.723-733.

Little, J.D.C.: (1969/70)
Models and Managers: the Concept of a Decision Calculus, in: MS, Vol. 16 (1969/70), S. B466-B485

Meffert,H.,
u.a.: (1986)
Unternehmensverhalten und Umweltschutz-Ergebnisse einer empirischen Untersuchung in der Bundesrepublik Deutschland. Münster 1986.

Meller, E.: (1988)
Möglichkeiten des inner- und des überbetrieblichen Recyclings, in: Pieroth, Elmar/Wicke, Lutz (Hrsg.), Chancen der Betriebe durch Umweltschutz. Plädoyer für ein offensives, gewinnorientiertes Umweltmanagement, Freiburg i.Br. 1988, S.151-172.

Metzger, A.G.: (1987)
Zur Problematik der Berücksichtigung ökologischer Aspekte bei der investitionsrechnerischen Beurteilung von Luftreinhaltemaßnahmen, Diss. Mannheim 1987.

Meyer, H.: (1979)
Entscheidungsmodelle und Entscheidungsrealität, Tübingen 1979.

Michaelis, P.: (1991)
Theorie und Politik der Abfallwirtschaft, Berlin, u.a. 1991.

Michaelis, P.: (1990)
Zur abfallwirtschaftlichen Entwicklung im produzierenden Gewerbe der Bundesrepublik Deutschland. Kiel 1990.

Mierheim, H.: (1986)
Ökologische Buchhaltung und Umweltkennziffern, in: Held, Martin (Hrsg.), Ökologisch rechnen im Betrieb. Umweltbilanzierung als Grundlage umweltfreundlichen Wirtschaftens im Dienstleistungsbetrieb, Tutzinger Materialien Nr.33/1986, Evangelische Akademie Tutzing 1986, S. 13-23.

Mooren, Ch.,
Müller, H.,
Muhr, M.: (1991)
Umweltorientierte Fördermaßnahmen des Staates in betrieblichen Investitionskalkülen, in: Zeitschrift für angewandte Umweltforschung. Jg.4 (1991), H.3, S.267-282.

Müllendorf,R.: (1981)
Umweltbezogene Unternehmensentscheidungen unter besonderer Berücksichtigung der Energiewirtschaft. Frankfurt/M. 1981.

Müller-Wenk, R.: (1978)
Die ökologische Buchhaltung. Frankfurt, New York 1978.

Müller-Witt, H.: (1985)
Produktfolgeabschätzung als kollektiver Lernprozeß, in: Öko-Institut/Projektgruppe Ökologische Wirtschaft (Hrsg.) Arbeiten im Einklang mit der Natur - Bausteine für ein ökologisches Wirtschaften, Freiburg i.Br. 1985, S.282-307.

Musgrave, R.-A.,
Musgrave, P.-B.,
Kullmer, L.: (1978)
Die öffentlichen Finanzen in Theorie und Praxis, Bd.4, Tübingen 1978.

Ostmeier, H.: (1990)
Ökologieorientierte Produktinnovationen, Bern u.a. 1990.

Picot, A.: (1977)
Betriebswirtschaftliche Umweltbeziehungen und Umweltinformationen. Grundlagen einer erweiterten Erfolgsanalyse für Unternehmungen. Berlin 1977

Pigou, A.C.: (1920)
The Economics of Welfare. London 1920.

Projektgruppe
ökologische
Wirtschaft(Hrsg.): (1984)
Produktlinienanalyse - Bedürfnisse, Produkte und ihre Folgen, Köln 1987.

Quade, E.S.: (1968)
Systems Analysis and policy planning, Applications in defense, New York 1968.

Remer,A.,
Sandholzer, U.: (1992)
Ökologisches Management und Personalarbeit, in: Handbuch des Umweltmanagements, hrsg. von Ulrich Steger unter Mitw. von Gerhard Praetorius, München 1992, S.511-537.

Renken, K. (Hrsg.): (1982)
Umweltfreundliche Produkte - Ein Handbuch für den öko-bewußten Verbraucher, 3.Aufl., Frankfurt 1982.

Rentz, O.: (1979)
Techno-Ökonomie betrieblicher Emissionsminderungsmaßnahmen, Berlin 1979.

Ridker, R.G.: (1967)
Economic Costs of Air Pollution: Studies in Measurement, New York 1967.

Ringeisen, P.: (1988) Möglichkeiten und Grenzen der Berücksichtigung ökologischer Gesichtspunkte bei der Produkgestaltung - Theoretische Analyse und Darstellung anhand eines konkreten Beispiels aus der Lebensmittelindustrie. Bern, Frankfurt a.M., New York 1988.

Roth, U.: (1992) Umweltkostenrechnung: Grundlagen und Konzeption aus betriebswirtschaftlicher Sicht, Wiesbaden 1992.

Ruppen, L.: (1978) Marketing und Umweltschutz. Umweltprobleme und die Notwendigkeit eines ökokonformen Marketings, Diss. Fribourg 1978.

Rürup, B.: (1982) Die Nutzwertanalyse, in: WiSt, H.3 März 1982, S.109-113.

Sabel, H.: (1971) Produktpolitik in absatzpolitischer Sicht - Grundlagen und Entscheidungsmodelle, Wiesbaden 1971.

Scharrer, E.: (1990) Industrielle Umweltpolitik, in: Albach, Horst (Hrsg.), Betriebliches Umweltmanagement, Wiesbaden 1990, S.41-54.

Schelker, Th.: (1978) Methodik der Produkt-Innovation, Bern 1978.

Scheller, P.: (1974) Systematische Untersuchungen bisheriger Anwendungen der Nutzwertanalyse zwecks Bestimmung der Möglichkeiten und Grenzen dieser Bewertungsmethode, Brennpunkt Systemtechnik, Berlin 1974.

Schirmeister, R.: (1981) Modell und Entscheidung: Möglichkeiten und Grenzen d. Anwendung von Modellen zur Alternativenbewertung im Entscheidungsprozeß der Unternehmung, Stuttgart 1981.

Schmidt, H.: (1985) Informationsinstrumente zur Umweltplanung. Theoretische, methodische und forschungspolitische Probleme. Frankfurt a.M. 1985.

Schmidt, R.-B.: (1986)
Umweltschutz und Existenz mittelständischer Industrieunternehmungen - Gesehen als betriebswirtschaftliches Entscheidungsproblem, in: Gaugler, Eduard u.a.(Hrsg.), Zukunftsaspekte der anwendungsorientierten Betriebswirtschaftslehre, Festschrift für Prof.Dr.h.c.mult. Erwin Grochla zum 65.Geburtstag, Stuttgart 1986, S.584-594.

Schmidt, R.-B.: (1984)
Unternehmungsinvestitionen, 4. Aufl. Opladen 1984.

Schmidt, R.-B.: (1974)
Unternehmungsphilosophie und Umweltschutz, in: Unternehmungsführung. Festschrift für Erich Kosiol zu seinem 75. Geburtstag, 1974, S. 125-138.

Schmidt, R.-B.: (1973)
Wirtschaftslehre der Unternehmung, Bd.2: Zielerreichung, Stuttgart 1973.

Schmidt, R.-B.: (1977)
Wirtschaftslehre der Unternehmung. Bd.1 Grundlagen und Zielsetzung. 2., überarb. Aufl., Stuttgart 1977.

Schneider, A.: (1977)
Investitionsrechnerische Beurteilung von Umweltschutzinvestitionen, in: Handbuch des Umweltschutzes, Hrsg. Vogl/Heigl/Schäfer 1977, S. 1-28.

Schreiner, M.: (1991)
Umweltmanagement in 22 Lektionen. Ein ökonomischer Weg in eine ökologische Wirtschaft, 2. Aufl. Wiesbaden 1991.

Schulz, W.: (1989a)
Ansätze und Grenzen der Monetarisierung von Umweltschäden, in: ZfU 1/1989, S.55-72.

Schulz, W.: (1989b)
Betriebliche Umweltinformationssysteme, in: Umwelt und Energie, Heft 6 v.7.12.1989, S. 33-98.

Schwarz, H.: (1960)
Zur Bedeutung und Berücksichtigung nicht oder schwer quantifizierbarer Faktoren im Rahmen des investitionspolitischen Entscheidungsprozesses, in: Betriebswirtschaftliche Forschung und Praxis, 12.Jg., 1967, S.686-698.

Seitz, H.,
Thiele, J.: (1984)
Erneuerbare Energie, in: Michelsen, Gerd/Öko-Institut (Hrsg.): Der Fischer Öko-Almanach - Daten, Fakten, Trends der Umweltdiskussion, Frankfurt 1984, S.166-177.

Senn, J.F.: (1986)
Ökologie-orientierte Unternehmensführung. Theroret. Grundlagen, empirische Fallanalysen u. mögliche Basisstrategien. Frankfurt a.M., Bern 1986, Zugl.: Konstanz Univ. Diss. 1986.

Siebert, H.: (1976)
Erfolgsbedingungen einer Abgabenlösung (Steuern/Gebühren) in der Umweltpolitik, in: Ökonomische Probleme der Umweltschutzpolitik, Schriften des Vereins für Sozialpolitik Bd. 91, Berlin 1976, S. 35-61.

Siebert, H.: (1975)
Ökonomie der Umwelt: ein Überblick, in: Jahrbuch für Nationalökonomie und Statistik, Bd. 188 (1975), S.119-151.

Siebert, H.: (1978)
Ökonomische Theorie der Umwelt, Tübingen 1978.

Siebert, H.: (1973)
Probleme von Nutzen-Kosten-Analysen umweltschützender Maßnahmen, in: Wirtschaftsdienst, 53.Jg. (1973), S.119-151.

Siegwart, H.: (1974)
Produktentwicklung in der industriellen Unternehmung, Bern 1974.

Sinden, J.A.,
Worrel, A.C.: (1979)
Unpriced Value - Decisions without Market Prices, John Wiles&Sons., New York 1979.

Sprenger, R.-U.: (1989)
Beschäftigungswirkungen der Umweltpolitik. Eine nachfrageorientierte Untersuchung. Berlin 1989.

Sprenger, R.-U.: (1975)
Struktur und Entwicklung von Umweltschutzaufwendungen in der Industrie, Schriftenreihe des Ifo-Instituts für Wirtschaftsforschung, Nr. 85, Berlin, München 1975.

SRU: (1974)
[Sachverständigenrat für Umweltfragen] Umweltgutachten 1974. Stuttgart, Mainz 1974.

SRU: (1987)
[Sachverständigenrat für Umweltfragen] Umweltgutachten 1987, Stuttgart, Mainz 1987.

Steger, U.: (1991)
Umwelt-Auditing. Ein neues Instrument der Risikovorsorge. Wiesbaden 1991.

Steger, U.: (1988)
Umweltschutzmanagement, Erfahrungen und Instrumente einer umweltorientierten Unternehmensstrategie. Frankfurt a.M., Wiesbaden 1988.

Steiger, A.: (1979)
Sozialprodukt oder Wohlfahrt? Kritik am Sozialproduktkonzept. Die Erfassung der sozialen Kosten der Umweltzerstörung und sonstiger wohlfahrtswürdiger Komponenten, Diss. St. Gallen 1979.

Strebel, H.: (1980)
Die natürliche Umwelt als Gegenstand der Unternehmungspolitik, Berlin 1980.

Strebel, H.: (1975)
Forschungsplanung mit Scoring-Modellen, Baden-Baden 1975.

Strebel, H.: (1990)
Industrie und Umwelt, in: das Wirtschaften in Industrieunternehmungen/ hrsg. von Marcell Schweitzer. München 1990, S.699-785.

Strebel, H.: (1978)
Scoring-Modelle im Lichte neuer Gesichtspunkte zur Konstruktion praxisorientierter Entscheidungsmodelle, in: Der Betrieb, 31 (1978), S. 2182-1286.

Strebel, H.: (1980)
Umwelt und Betriebswirtschaft. Die natürliche Umwelt als Gegenstand der Unternehmungspolitik, Berlin 1980.

Strenger, H. J.: (1987)
Leitlinien und Ziele - Das weltweite Bayer-Programm zur Verbesserung von Umweltschutz und Sicherheit, in: Bayer AG (Hrsg.), Die Bayer-Umweltperspektive, Presse-Forum vom 14.-16.9.1987 in Köln, Köln 1987.

Teichert, V.,
Küppers, F.: (1990)
Umweltpolitik im Betrieb-Betriebsvereinbarungen zum Umweltschutz in der chemischen Industrie, in: WSI-Mitteilungen 12/1990, S. 755-761.

Terhart, K.: (1986)
Betriebswirtschaftliche Fragen des Umweltschutzes, in: Wist Heft 8, S. 401-405.

Thormählen, Th.: (1977)
Der Nutzwert der Nutzwertanalyse, in: Wirtschaftsdienst, Jg.57 (1977),12, S.638-644.

Töpfer, A.: (1985)
Umwelt- und Benutzerfreundlichkeit von Produkten als strategische Unternehmensziele, in: Marketing ZFP 7.JG. (1985), Nr.4, S.241-251.

Traube, K.: (1985)
Energie und Umwelt - Konflikt zwischen Ökonomie und Ökologie?, in: Technische Universität Berlin (Hrsg.): Wissenschaftsmagazin, Heft 8: Ökologie, Berlin 1985, S.48-50.

Troge, A.: (1988)
Möglichkeiten zur Verbesserung der Gewinnsituation der Betriebe durch integrierten Umweltschutz, in: Chancen der Betriebe durch Umweltschutz, Plädoyer für ein offensives Umweltschutzmanagement / von Elmar Pieroth und Lutz Wikke, Freiburg im Breisgau 1988, S. 95-120.

Türck, R.: (1990)
Das ökologische Produkt: Eigenschaften, Erfassung und wettbewerbsstrategische Umsetzung ökologischer Produkte. Ludwigsburg 1990.

Ulrich, H.: (1970)
Die Unternehmung als produktives Sozialsystem, 2. überarb. Aufl., Bern und Stuttgart 1970.

Umweltbundesamt: (1978)
Medizinische, biologische und ökologische Grundlagen zur Bewertung schädlicher Luftverunreinigungen - Sachverständigenanhörung in Berlin (West) vom 20.-24.2.1978, Berlin 1978.

Utz, H.-W.: (1978)
Umweltwandel und Unternehmungspolitik. Berücksichtigung der sozialen und ökologischen Umwelt durch Marketing Assesment. München 1978.

VDI-Kommission
Reinhaltung
der Luft (Hrsg.): (1979)
VDI-Handbuch Reinhaltung der Luft, Band 6, Verfahren zur Abgasreinigung - Staubtechnik, VDI-Richtlinie 3800, Kostenermittlung für Anlagen und Maßnahmen zur Emissionsminderung, Ausgabedatum 4/1979.

Wandersleb, M.: (1985)
Zur Berücksichtigung von nicht oder nur schwer quantifizierbaren Einflußfaktoren bei der Investitionsentscheidung: Beitrag zur Entscheidung über den d. Einsatz d. hydraul. Feststofferntransportes. Diss. Würzburg 1985.

Wehner, U.: (1976)
Ökologische soziale Kosten und volkswirtschaftliche Gesamtrechnung. Diss. Köln 1976.

Weimann, J.: (1990)
Umweltökonomik-Eine theoretische Einführung, Berlin/Heidelberg 1990.

Wicke, L. u.a.: (1992)
Betriebliche Umweltökonomie: eine praxisorientierte Einführung, München 1992.

Wicke, L.: (1991)
Umweltökonomie: eine praxisorientierte Einführung. Unter Mitarb. von Wilfried Franke, 3. überarb. Aufl. München 1991.

Wicke, L.: (1986)
Die ökologischen Milliarden: das kostet die zerstörte Umwelt - so können wir sie retten, München 1986.

Wicke, L.: (1984)
Instrumente der Umweltpolitik von Auflagen zu marktkonformeren Instrumenten, in: WiSt Heft 2, Feb. 1984, S. 75-82.

Wicke, L.: (1988)
Plädoyer für ein offensives Umweltmanagement, in: Chancen der Betriebe durch Umweltschutz, Plädoyer für ein offensives Umweltschutzmanagement / von Elmar Pieroth und Lutz Wicke. Freiburg im Breisgau 1988.

Wicke, L., Schaffhausen, F.: (1982)
Instrumente zur Durchsetzung des Umweltschutzes, in: Das Wirtschaftsstudium (1982), S. 409-414, S. 459-465, S. 515-520.

Wiese, H.: (1986)
Zahlungsbereitschaft kontra Entschädigungsforderung - Alternative Rentenkonzepte zur Bewertung von Umweltschäden, in: Zeitschrift für Umweltpolitik und Umweltrecht, 9.Jg. (1986), S.81-93.

Winter, G.: (1987)
Das umweltbewußte Unternehmen. München 1987.

Witte, E.: (1969)
Mikroskopie einer unternehmerischen Entscheidung, in: IBM Nachrichten 1969, S.490-495.

Witte, E.: (1968)
Phasen-Theorem und Organisation komplexer Entscheidungsverläufe, in: ZfbF 20 (1968), S.625-647.

Wittmann, W.: (1958)
Unternehmung und unvollkommene Information, Köln und Opladen 1958.

Wohlgemuth, R.: (1975)
Die volkswirtschaftliche Nutzung des Recycling am Beispiel der Abwärmenutzung für die Fernwärmeversorgung, Diss. Köln 1975.

Zahrnt, A.: (1986)
Kurzfassung: Produktlinienanalyse - ein neues Informationssystem, in: Öko-Institut. Freiburg 1986.

Zangemeister, Ch.,
Bomsdorf, E.: (1983)
Empfindlichkeitsuntersuchungen in der Nutzwertanalyse. Ermittlung kritischer Zielgewichte und Empfindlichkeitsmaße, in: ZfbF 35 (5/1983), S.375-397.

Zangemeister, Ch.: (1971)
Nutzwertanalyse in der Systemtechnik. Eine Methodik zur multidimensionalen Bewertung und Auswahl von Projektalternativen, 2.Aufl., München 1971.

Zimmermann, K.: (1988)
Umweltpolitik und integrierte Technologien: Entwicklungen und Determinanten in empirischer Analyse, in: Konjunkturpolitik, 34 Jg., 1988, Heft 5/6, S. 327-351.

MIX
Papier aus verantwortungsvollen Quellen
Paper from responsible sources
FSC® C105338

If you have any concerns about our products,
you can contact us on
ProductSafety@springernature.com

In case Publisher is established outside the EU,
the EU authorized representative is:
**Springer Nature Customer Service Center GmbH
Europaplatz 3, 69115 Heidelberg, Germany**

Printed by Libri Plureos GmbH
in Hamburg, Germany